Anaximandre de Milet ou la naissance de la pensée scientifique

Carlo Rovelli

Professeur à l'université de la Méditerranée
Membre de l'Institut Universitaire de France

Traduit de l'italien par Matteo Smerlak

DUNOD

rovelli@cpt.univ-mrs.fr

La version originale de ce texte, en Italien, est librement accessible sur le site : http://www.cpt.univ-mrs.fr/~rovelli/anassimandro

Illustrations de couverture :

(Bas) : Anaximandre, bas-relief romain du Ier siècle, probablement copié d'après un original grec (Rome, Musée National Romain) © Fototeca Nazionale, ICCD, Rome, Image E6482.

(Haut) : Nuit étoilée © Josch Hambsch http://www.astronomie.be/hambsch/namibia06/ startrails1.htm.

ISBN 978-2-10-052939-1

Table des matières

À Bonnie

« Rerum fores aperuisse, Anaximander Milesius traditur primus. »

« On raconte que ce fut Anaximandre de Milet qui le premier ouvrit les portes de la nature. »

Pline, Histoire Naturelle, *II, 31*

Introduction

Toutes les civilisations humaines ont pensé que le monde est formé du Ciel, en haut, et de la Terre, en bas (*figure 1, à gauche*). Sous la Terre, pour qu'elle ne tombe pas, doit se trouver de la terre, à l'infini ; ou bien une grande tortue posée sur un éléphant, comme dans certains mythes asiatiques ; ou encore de gigantesques colonnes, telles celles dont parle la Bible. Cette image du monde est partagée par les civilisations égyptienne, chinoise, maya, de l'Inde antique, d'Afrique noire, par les Hébreux de la Bible, par les Indiens d'Amérique, par les antiques empires babyloniens et par toutes les autres cultures dont nous avons trace.

Toutes, sauf une : la civilisation grecque. Déjà à l'âge classique, les Grecs pensaient la Terre comme un caillou suspendu dans l'espace (*figure 1, à droite*) : sous la Terre, ni terre à l'infini, ni tortue, ni colonnes, mais le même ciel que nous voyons au-dessus de nous. Comment les Grecs ont-ils découvert que la Terre flotte dans l'espace ? Que le ciel continue sous nos pieds ? Qui l'a compris, et comment ?

L'homme qui a franchi ce pas immense est le protagoniste de ces pages : 'Αναξίμανδρος, Anaximandre, né il y a vingt-six siècles dans la cité grecque de Milet, située sur la côte occidentale de l'actuelle Turquie. Bien sûr, cette découverte à elle seule suffirait à faire de lui un géant de la pensée. Mais son héritage est plus vaste. Anaximandre ouvrit la voie à la physique, à la géographie, à l'étude des phénomènes météorologiques et à la biologie. Au-delà de ces immenses contributions, il initia le processus de *re-pensée de notre image du monde :* le mode de recherche de la connaissance basé sur la révolte contre les évidences. De ce point de vue, Anaximandre est sans conteste l'un des pères de la pensée scientifique.

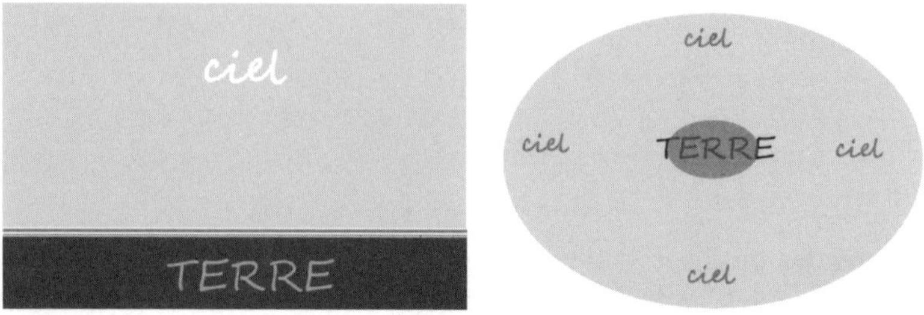

Figure I

Le monde, avant et après Anaximandre

La nature de cette forme de pensée constitue le second objet de ce livre. La science est avant tout une exploration passionnée de nouvelles façons de penser le monde. Sa force ne tient pas aux certitudes qu'elle fournit, mais au contraire à une conscience aiguë de l'étendue de notre ignorance. C'est cette conscience qui nous pousse à sans cesse douter de ce que nous croyons savoir, et ainsi nous permet d'apprendre toujours. La recherche de la connaissance ne se nourrit pas de certitudes : elle se nourrit d'une absence radicale de certitudes.

Une telle pensée, fluide, en perpétuelle évolution, possède une grande force et une magie subtile : elle est capable de subvertir l'ordre du monde, de repenser le monde.

Cette conception évolutive et subversive de la pensée rationnelle est très différente de sa représentation positiviste, mais aussi de l'image fragmentée et un peu aride qu'en donnent certaines réflexions philosophiques contemporaines. L'aspect de la pensée scientifique que je souhaite mettre en lumière dans ces pages est sa capacité critique, rebelle, de *perpétuellement réinventer le monde.*

Si cet effort de « réinventer le monde » est un aspect central de la recherche scientifique de la connaissance, alors cette aventure n'a pas débuté avec la synthèse newtonienne ou les expériences pionnières de Galilée, ou encore avec les premiers modèles mathématiques de l'astronomie alexandrine. Elle a débuté bien plus tôt, avec ce qu'il convient d'appeler la première grande « révolution scientifique » de l'histoire de l'humanité : celle d'Anaximandre.

***

Pourtant l'importance d'Anaximandre dans l'histoire de la pensée est largement sous-évaluée*. Il y a plusieurs raisons à cela. Dans l'Antiquité, sa proposition méthodologique n'avait pas encore donné les fruits que nous cueillons aujourd'hui, après une longue maturation et de nombreux changements de cap. Malgré la reconnaissance de certains auteurs de sensibilité plus « scientifique », comme Pline (cité en ouverture de ce livre), Anaximandre est souvent considéré, par exemple par Aristote, comme le thuriféraire d'une approche naturaliste jugée incertaine, et fièrement combattue par des courants culturels alternatifs.

Si aujourd'hui encore la pensée d'Anaximandre reste mal connue, et mal comprise, c'est d'abord en raison de la pernicieuse dichotomie entre sciences dures et humanités. Naturellement, je suis conscient du biais que constitue ma formation avant tout scientifique, quand il s'agit d'évaluer l'importance d'un penseur qui vécut il y a vingt-six siècles. Mais je suis convaincu que l'interprétation courante de la pensée d'Anaximandre souffre du biais inverse : la difficulté, pour beaucoup d'intellectuels de formation historico-philosophique, de mesurer la portée de

* Cette situation est en train de changer. Diverses études récentes convergent vers la thèse de ce livre. Daniel Graham [2006], dans un livre tout récent sur la philosophie ionienne, aboutit à des conclusions assez similaires. Dans l'introduction du recueil d'essais *Anaximander in context* [2003] on peut lire : « Nous sommes convaincus qu'Anaximandre est l'un des plus grands esprits qui ait jamais vécu, et nous pensons que ce fait n'est pas suffisamment reflété par les études existantes. » Dirk Couprie, qui a étudié en profondeur la cosmologie d'Anaximandre [2003] conclut : « Sans hésitation, je le considère comme le pair de Newton ».

contributions dont la nature et l'héritage sont intimement « scientifiques ». Même les auteurs cités dans la note précédente, qui reconnaissent volontiers la grandeur de la pensée d'Anaximandre, peinent à comprendre à fond la portée de certaines de ses contributions. C'est cette portée que je cherche à mettre en lumière dans ces pages.

Mon regard sur Anaximandre n'est donc pas celui d'un historien, ni celui d'un expert en philosophie grecque, mais celui d'un scientifique d'aujourd'hui, soucieux de réfléchir à la nature de la pensée scientifique ainsi qu'au rôle de cette pensée dans le développement de la civilisation. Contrairement à la majorité des auteurs qui s'intéressent à Anaximandre, mon objectif n'est pas de reconstruire aussi fidèlement que possible sa pensée et son univers conceptuel. Pour cette reconstruction, je m'appuie sur les travaux magistraux menés par des hellénistes et historiens tels que Charles Kahn [1960], Marcel Conche [1991] ou, plus récemment, Dirk Couprie [2003]. Je ne cherche pas à modifier ou compléter la conclusion de ces reconstructions, mais seulement à mettre en lumière la profondeur de la pensée qui s'en dégage, et le rôle qu'elle a eu dans le développement du savoir universel.

***

Le second motif de la sous-évaluation de la pensée d'Anaximandre, comme d'autres aspects de la pensée scientifique grecque, est une subtile et diffuse incompréhension de certains aspects centraux de la pensée scientifique.

La foi en la science typique du dix-neuvième siècle, sa glorification positiviste comme savoir définitif sur le monde, est aujourd'hui effondrée. La première responsable de cet effondrement est la révolution de la physique du vingtième siècle, qui a révélé que malgré son incroyable efficacité, la physique de Newton est, dans un sens très précis, fausse. De larges pans de la philosophie des sciences postérieure peuvent être lus comme des tentatives de redéfinir, sur cette *tabula rasa*, la nature de la science.

Certains courants ont ainsi cherché à retrouver des fondements certains à la science, par exemple en restreignant le contenu de connaissance de ses théories à la seule capacité de prédire des nombres, ou le comportement de phénomènes directement observables ou vérifiables. Dans d'autres approches, les théories scientifiques sont analysées comme des constructions mentales plus ou moins arbitraires, qui ne peuvent être directement confrontées entre elles ou avec le monde, sinon dans leurs conséquences les plus pratiques. Avec ce genre d'analyse, cependant, on perd de vue les aspects qualitatifs et cumulatifs du savoir scientifique, qui sont non seulement inextricables des pures données numériques, mais surtout qui sont l'âme et la raison d'être de la science.

À l'autre extrémité du spectre, une partie de la culture contemporaine dévalue radicalement le savoir scientifique, nourrissant un anti-scientisme diffus. Après le vingtième siècle, la pensée rationnelle apparaît pleine d'incertitudes. Diverses formes d'irrationalisme fleurissent, autant dans l'opinion publique que dans les cercles cultivés, se nourrissant du vide ouvert par la perte de l'illusion que la science pourrait fournir une image du monde définitive – de la peur d'accepter notre ignorance. Mieux vaut des certitudes fausses que des incertitudes…

Mais l'absence de certitudes, loin d'être sa faiblesse, constitue, et a *toujours* constitué, le secret de la force de la science, comprise comme pensée de la curiosité, de la révolte et du mouvement. Ses réponses ne sont pas crédibles parce qu'elles sont définitives ; elles sont crédibles parce qu'elles sont les meilleures dont nous disposons à un instant donné de l'histoire de notre savoir. C'est justement parce que nous savons ne pas les considérer comme définitives qu'elles continuent à s'améliorer.

De ce point de vue, les trois siècles de science newtonienne ne s'identifient pas à « la Science », comme on le pense trop souvent. Ils ne sont guère plus qu'un moment de pause sur le chemin de la science, à l'ombre d'un grand succès. En remettant la physique de Newton en question, Einstein n'a pas mis en cause la possibilité de comprendre comment fonctionne le monde. Au contraire, il a repris le chemin : le chemin de Maxwell, de Newton, de Copernic, de Ptolémée, d'Hipparque et d'Anaximandre. Remettre sans cesse en discussion les fondements de notre vision du monde, pour sans cesse l'améliorer.

Chaque pas franchi par ces personnages, comme d'innombrables autres plus mineurs, affecte en profondeur notre image du monde, et va parfois jusqu'à modifier le sens de la notion d'image du monde. Il ne s'agit pas ici de changements de points de vue arbitraires, mais de rouages dans l'inépuisable richesse des choses, qui s'illuminent les uns après les autres. Chaque pas nous révèle une nouvelle carte de la réalité, qui nous raconte le monde *un peu mieux*. Chercher le bout de l'écheveau, le point fixe méthodologique ou philosophique auquel ancrer cette aventure, c'est trahir sa nature intrinsèquement évolutive et critique.

S'il serait donc candide de prétendre savoir comment est fait le monde sur la base du peu que nous en connaissons, il serait franchement idiot de mépriser ce que nous savons, seulement parce que demain nous pourrions savoir un peu plus. Une carte géographique ne perd pas sa valeur cognitive seulement parce que nous savons qu'une carte plus précise pourrait exister. À chaque pas nous rectifions une erreur, nous obtenons un élément de savoir en plus, qui nous permet de voir un peu plus loin. L'humanité parcourt une voie vers la connaissance qui sait se tenir loin des certitudes de ceux qui se croient dépositaire de la vérité, sans pour autant être incapable de reconnaître qui a raison et qui a tort, comme le voudrait une partie de la pensée contemporaine. C'est le point de vue que je cherche à articuler dans la partie finale de ce texte.

Revenir aux racines antiques de la pensée rationnelle sur la nature, entendue dans ce sens plus vaste, est donc pour moi un moyen de mettre en lumière ce que je considère comme certaines des caractéristiques centrales de cette pensée. Parler d'Anaximandre, c'est aussi réfléchir à la signification de la révolution scientifique ouverte par Einstein, qui est l'objet de mon travail de physicien, spécialiste de gravité quantique.

La gravité quantique est un problème ouvert, au cœur de la physique théorique contemporaine. Pour le résoudre, il est probablement nécessaire de changer en profondeur nos concepts d'espace et de temps. Anaximandre a transformé le monde : d'une boîte fermée en haut par le Ciel et en bas par la Terre, il en a fait un espace ouvert dans lequel flotte la Terre. C'est seulement en gardant à l'esprit comment de telles transformations du monde, aussi prodigieuses soient-elles, sont possibles, et pourquoi elles sont « correctes », que nous pouvons espérer affronter le défi de comprendre les transformations des notions d'espace et de temps requises par la quantification de la gravité.

***

Enfin, un dernier parcours, plus difficile, sous-tend ce livre; un parcours fait de questions plutôt que de réponses. S'interroger sur la première manifestation antique de la pensée rationnelle de la nature porte inévitablement à s'interroger sur la nature du savoir qui la précède historiquement, et qui se pose aujourd'hui encore comme antagonique : le savoir d'où est née cette pensée, duquel il s'est différencié, et contre lequel il s'est révolté et se révolte encore – ainsi que sur la relation entre les deux.

En ouvrant, pour reprendre les mots de Pline, « les portes de la nature », Anaximandre a en effet ouvert un conflit titanesque : le conflit entre deux formes de savoir profondément différents. D'un côté, un nouveau savoir sur le monde, fondé sur la curiosité, sur la révolte contre les certitudes, et donc sur le changement. De l'autre, la pensée alors dominante, principalement mystico-religieuse, et fondée, dans une large mesure, sur des certitudes qui, par nature, ne peuvent être mises en discussion. Ce conflit a traversé l'histoire de notre civilisation, siècle après siècle, avec victoires et défaites de part et d'autre.

Aujourd'hui, après une période où les deux formes de pensée rivales semblaient avoir trouvé une forme de coexistence pacifique, ce conflit semble s'ouvrir à nouveau. De nombreuses voix, d'origines politiques et culturelles assez différentes, chantent à nouveau l'irrationalisme et le primat de la pensée religieuse. À ce jour, la France a su rester en partie à l'écart de cette grande vague, qui inonde des pays aussi différents que les États-Unis, l'Inde, la plupart des pays islamiques ou l'Italie; mais en France aussi, la confiance dans la pensée rationnelle s'érode dans le public, et le pays ne pourra pas échapper au retour du religieux que nous observons dans le reste du monde. On en voit déjà des signes.

Cette nouvelle confrontation entre pensée positive et pensée mystico-religieuse nous renvoie presque aux querelles du siècle des Lumières. Pour en dénouer les enjeux, une fois encore, il est peut-être insuffisant de se retourner vers la décennie, ou les quatre siècles, passés. Il s'agit d'une opposition plus profonde, dont l'échelle de temps se mesure en millénaires plutôt qu'en siècles, et qui a peut-être à voir avec la lente évolution de la civilisation humaine elle-même, avec la structure profonde de son organisation conceptuelle, sociale et politique. Ce sont là des thèmes si vastes que je ne peux faire beaucoup plus que soulever des questions, et chercher quelques amorces de réflexion; mais ce sont des thèmes centraux pour notre monde et pour son avenir. L'issue incertaine de ce conflit détermine notre vie de tous les jours, et le sort de l'humanité.

***

Je ne veux pas surestimer Anaximandre, duquel au fond nous ne savons que très peu. Mais sur la côte ionienne, il y a vingt-six siècles, quelqu'un a ouvert une nouvelle voie à la connaissance, et une nouvelle avenue pour l'humanité. La brume qui nous voile le VIe siècle av. J.-C. est épaisse, et nous savons trop peu de l'homme Anaximandre pour pouvoir lui attribuer avec certitude cette gigantesque révolution. Mais la révolution, la naissance de la pensée de la curiosité et du mouvement, a bien eu lieu. Qu'Anaximandre en soit l'auteur unique, ou qu'il soit le nom pour la désigner que nous suggèrent certaines sources antiques, au fond nous intéresse moins.

C'est de cette extraordinaire révolution, initiée il y a vingt-six siècles sur la côte turque et avec laquelle nous vivons aujourd'hui, que je veux parler. Et du conflit qu'elle a ouvert, et qui brûle encore.

Remerciements

Merci à Fabio Soso pour m'avoir transmis sa passion pour la science antique. À Dirk Couprie, l'un des spécialistes majeurs d'Anaximandre, pour avoir patiemment lu ces pages, et corrigé les pires de mes bourdes. Et à mes parents, pour beaucoup plus.

I
Le VIe siècle avant notre ère

1. Un panorama du monde

En l'an 610 avant J.-C., au moment de la naissance d'Anaximandre de Milet, il manque encore presque deux cents ans au siècle d'or de la civilisation grecque, celui de Périclès et de Platon.

À Rome, selon la tradition, règne Tarquin l'Ancien. Environ à la même période les Celtes fondent Milan et des colons grecs, partis de l'Ionie d'Anaximandre, fondent Marseille. Homère (ou ce qu'il désigne) a composé *l'Iliade* deux siècles plus tôt, et Hésiode a écrit *Les Travaux et les Jours;* mais encore très peu des grands poètes, philosophes et dramaturges grecs ont produit leur œuvre. Sur l'île de Lesbos, toute proche de Milet, s'épanouit la jeune Sappho.

À Athènes, dont la puissance commence à croître, le sévère code de Dracon est en vigueur; mais Solon est né, qui écrira bientôt la première constitution intégrant des éléments démocratiques.

Le monde méditerranéen n'est pas primitif, loin de là : les hommes vivent dans des villes depuis au moins dix mille ans; le grand royaume d'Égypte existe depuis plus de vingt siècles, une période aussi longue que celle qui nous sépare d'Anaximandre.

La naissance d'Anaximandre a lieu deux ans après la chute de Ninive, un événement historique majeur, qui marque la fin de la brutale puissance assyrienne. La plus grande ville du monde, avec

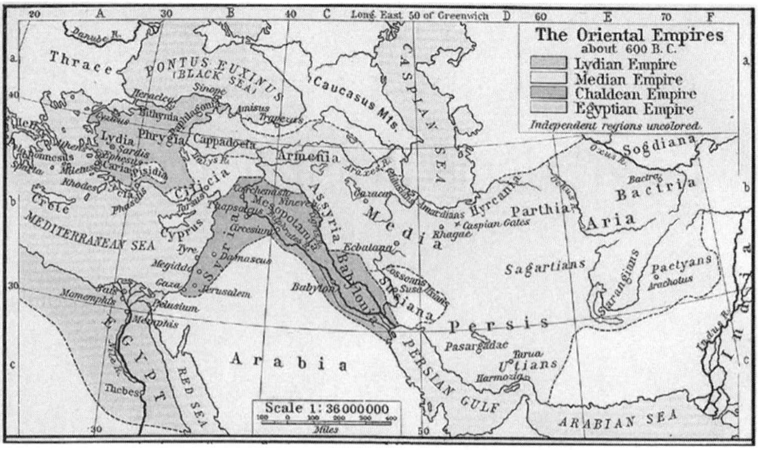

Figure 2

Les empires moyen-orientaux autour de l'an 600 avant J.-C. (voir *planche I*)

ses deux cent mille habitants, est à nouveau Babylone, comme elle l'a été pendant des dizaines de siècles. Nabopolassar, le vainqueur de Ninive, règne sur Babylone. Mais ce retour de splendeur n'est que de courte durée : déjà menace à l'orient la puissance perse naissante, menée par Cyrus Ier, qui doit bientôt prendre le contrôle de la Mésopotamie. En Égypte s'achève le long règne de Psamtik Ier, premier pharaon de la XXVIe dynastie, qui a reconquis l'indépendance de l'Égypte à l'empire assyrien moribond, ramenant l'Égypte à la prospérité. Psamtik Ier a stabilisé d'étroites relations avec le monde grec, en enrôlant de nombreux mercenaires grecs dans son armée et en encourageant les Grecs à s'installer en Égypte. Milet possède ainsi un comptoir florissant en Égypte, Naucratis, ce qui suggère qu'Anaximandre doit disposer d'informations de première main sur la culture égyptienne.

À Jérusalem règne Josué, de la maison de David, qui profite de l'évolution de la situation internationale – l'empire assyrien affaibli et Babylone pas encore trop puissante – pour réaffirmer l'orgueil de Jérusalem en imposant le culte exclusif de Jéhovah. Il détruit tous les objets de culte des autres dieux, comme Baal ou

Asterah, brûle les temples, trucide les prêtres païens encore en vie et exhume les ossements de ceux qui sont déjà morts* pour les brûler sur leurs autels, inaugurant un comportement à l'égard des autres religions qui sera plus tard caractéristique du monothéisme, quand celui-ci triomphera. Avant la mort d'Anaximandre, le peuple hébreu tombera à nouveau, puis sera déporté à Babylone, où il vivra une fois encore l'expérience tragique de l'asservissement; une captivité dont il réussira finalement à se libérer, comme il l'a fait des siècles plus tôt en Égypte, grâce à Moïse.

De ces événements, selon toute probabilité, l'écho résonne à Milet. Des autres en revanche, ceux qui se déroulent sur les autres continents, probablement très peu est connu en Asie Mineure. Alors que l'Europe passe de l'âge de bronze à l'âge de fer, en Amérique la séculaire civilisation olmèque décline; dans le nord-est de l'Inde se succèdent les grands règnes Mahajanapadas. Vardhamana Jina, le fondateur du Jaïnisme, qui prône la non-violence vis-à-vis de tous les êtres vivants, est contemporain d'Anaximandre : déjà les Indo-européens d'occident se concentrent sur comment penser le monde et ceux d'orient sur comment mieux vivre sa vie…

Kuangwang est depuis peu monté sur le trône chinois, comme douzième empereur de la grande dynastie Zhou. C'est la période dite du Printemps et de l'Automne, où s'opère une décentralisation du pouvoir, marquée par des luttes féodales; mais aussi par une vivacité et une diversité culturelle que la Chine devra bientôt perdre pour longtemps, peut-être en échange d'une certaine stabilité interne, certes imparfaite, mais indubitablement supérieure à celle du belliqueux Occident.

La civilisation humaine est donc en marche depuis des millénaires, et relativement structurée, quand, à l'aube du VIe siècle, naît Anaximandre de Milet. Les idées traversent les continents, de même que les marchandises. Il est peut-être déjà possible à

* La Bible, Deuxième Livre des Rois 23:4, et suivants.

Milet d'acheter de la soie chinoise, comme cela sera le cas deux siècles plus tard à Athènes. La majorité des hommes est occupée à survivre en cultivant la terre, élevant du bétail, pêchant, chassant, commerçant; d'autres, exactement comme aujourd'hui, à amasser pouvoir et richesse en se faisant la guerre.

2. Le savoir du VIe siècle : l'astronomie

Quel est le climat culturel dans ce monde, et quelle est l'étendue du savoir ? Il est difficile de s'en faire une idée précise, le VIe siècle nous ayant laissé relativement peu de témoignages écrits – à la différence des siècles suivants, particulièrement loquaces. Au temps d'Anaximandre ont déjà été écrits certains grands livres dont l'influence porte jusqu'à nous, comme de larges pans de la Bible (le Deutéronome est probablement écrit dans ces années-là), le Livre des Morts égyptien et les grandes épopées comme le Gilgamesh, le Mahabharata, l'Iliade et l'Odyssée – les splendides et grandioses histoires dans lesquelles l'humanité se mire, avec ses rêves et ses folies.

L'écriture est utilisée depuis trois millénaires. Les lois sont écrites depuis au moins douze siècles, depuis que Hammurabi, sixième roi de Babylone, les a fait graver sur de splendides blocs de basalte, placés dans chaque ville de son immense empire. On peut contempler l'un de ces blocs au Louvre. Il est difficile de résister à l'émotion que suscite la contemplation de cet objet.

Le savoir scientifique ? En Égypte, et plus encore à Babylone, sont développées des mathématiques rudimentaires, que nous connaissons aujourd'hui grâce à des recueils de résultats et d'exercices. Aux jeunes scribes égyptiens, par exemple, on enseigne comment résoudre des problèmes de division de sacs de grains en fractions égales entre créditeurs, ou suivant des proportions déterminées. (Un marchand a 20 sacs de grains pour rétribuer deux ouvriers, sachant que l'un des deux a travaillé 3 fois plus de temps que l'autre : combien doit-il donner à chacun ?) Des techniques sont connues pour diviser un nombre par 2, 3, 4 et 5, mais pas par 7. Si la solution du problème implique une division par 7, il faut reformuler le problème en d'autres termes. Pour calculer le périmètre d'un cercle en fonction de son rayon, on utilise la constante aujourd'hui baptisée « pi » (3,14...), à laquelle on donne couramment la valeur 3. Les Égyptiens savent qu'un triangle dont les côtés sont dans le rapport 3:4:5 possède un angle droit. J'ai cherché à évaluer globalement le niveau de ces mathématiques, sur la base des reconstructions modernes, et il me semble qu'on peut le comparer à celui d'un bon élève de CE2 ou de CM1. On parle souvent de « l'extraordinaire développement des mathématiques babyloniennes ». C'est certainement correct, mais il ne faut pas s'y méprendre : il s'agit de techniques que nous apprenons à l'école primaire. Retenons qu'il a été tout sauf facile pour l'humanité de rassembler des connaissances qu'un enfant de huit ans d'aujourd'hui assimile sans difficulté.

Le savoir de l'Égypte, de Babylone, de Jérusalem, celui de Crête ou de Mycènes, ou encore celui de Chine ou du Mexique, est concentré dans les grandes cours royales et impériales. La forme fondamentale de l'organisation politique des premières grandes civilisations est en effet la monarchie, c'est-à-dire la centralisation du pouvoir. On peut dire sans exagérer qu'au VIe siècle, les grandes monarchies *sont* les grandes civilisations. La loi, le commerce, l'écriture, la connaissance, la religion, la structure politique, tout se déroule dans les palais royaux et impériaux. C'est cette structure monarchique qui permet le développement de la civilisation. Elle constitue la garantie de stabilité et de sécurité nécessaire à la complexification des relations sociales. Une stabilité qui pourtant ne met pas les hommes à l'abri de catastrophes majeures – comme aujourd'hui.

La cour de Babylone tient des registres des faits importants ou remarquables, tels que le prix du grain, les catastrophes naturelles et – initiative cruciale pour le développement futur de la science – des données astronomiques, éclipses et positions des planètes. Huit siècles plus tard, sous l'empire romain, Ptolémée pourra encore se servir avec une certaine confiance de ces données. Il se lamentera même de ne pas avoir accès à tous les documents babyloniens sur les positions des planètes; il dispose en tout cas d'une table des éclipses compilée sous le règne de Nabonassar, autour de 747 av. J.-C., un siècle avant Anaximandre; une date qu'il choisira d'ailleurs comme année zéro de ses calculs astronomiques.

L'enregistrement des données astronomiques est plus ancien. Nous disposons d'une tablette cunéiforme, reproduite en *figure 3*, qui contient le relevé – correct – de la position de Vénus dans le ciel, établi sur une période de plusieurs années durant le règne de Ammisaduqa, autour de 1600 av. J.-C. : mille ans avant Anaximandre.

Figure 3

Tablette de caractères cunéiformes écrite à Ninive au VIIe siècle av. J.-C. (British Museum). Elle contient des relevés de la position de Vénus dans le ciel effectués sous Ammisaduqa, un millénaire plus tôt (voir *planche II*).

Il est opportun de s'arrêter un moment sur cette astronomie antique, parce qu'elle est en lien étroit avec la science à venir. Quel sens avaient ces données pour les Babyloniens ? Pourquoi les enregistraient-ils ? Pourquoi se préoccupaient-ils du ciel ?

Il n'est pas difficile de répondre à ces questions : la raison est gravée explicitement sur les innombrables* tablettes antiques dont nous disposons. D'un côté, les hommes se sont rendus compte de l'existence de régularités dans certains phénomènes célestes, et en ont fait usage. De l'autre, ils ont rapidement cherché à mettre en relation phénomènes célestes et phénomènes humains. Distinguons les deux aspects.

Le mouvement relatif du soleil et des étoiles dans le ciel était compris depuis des siècles avec une clarté bien supérieure à celle

* Des centaines de milliers.

d'un professeur d'université moyen d'aujourd'hui. Par exemple, Hésiode fait clairement référence au fait que pour savoir à quel moment de l'année nous sommes, c'est-à-dire connaître la date, il suffit d'observer quelle constellation apparaît à l'orient à l'aube. J'imagine que peu de professeurs d'université le savent seulement. Le climat méditerranéen impose au monde rural de suivre assez scrupuleusement les rythmes annuels, mais dans un monde sans calendrier ni journaux, ce n'est pas tâche aisée. Le ciel et les étoiles offrent une solution simple à ces problèmes; les hommes s'en sont aperçus depuis des siècles, et le savoir correspondant est diffus. Ainsi, dans *Les Travaux et les Jours*, Hésiode écrit ces lignes si belles* :

> *Quand [...] l'étoile Arcture, abandonnant les flots sacrés de l'Océan, se lève et brille la première à l'entrée de la nuit. Bientôt après [...] la plaintive hirondelle reparaît le matin aux yeux des hommes, lorsque le printemps est déjà commencé. Préviens l'arrivée de l'hirondelle, pour tailler la vigne : cette époque est la plus favorable.*

et

> *Lorsque Orion et Sirius seront parvenus jusqu'au milieu du ciel, et que l'Aurore aux doigts de rose contemplera Arcture, ô Persès ! cueille tous les raisins et apporte-les dans ta demeure; expose-les au soleil dix jours et dix nuits. Conserve-les à l'ombre pendant cinq jours, et le sixième, renferme dans les vases ces présents du joyeux Bacchus. Quand les Pléiades, les Hyades et l'impétueux Orion auront disparu, rappelle-toi que c'est la saison du labourage. Qu'ainsi l'année soit remplie tout entière par des travaux champêtres.*

(Persès, auquel se réfère le poème, est le frère d'Hésiode.)

Et encore :

> *Si le désir de la périlleuse navigation s'est emparé de ton âme, redoute l'époque où les Pléiades, fuyant l'impétueux Orion, se plongent dans le sombre Océan; alors se déchaîne le souffle de tous les vents.*

* Traduction M. A. Bignan.

En somme, pour Hésiode, il est clair que pour connaître le mois courant, il suffit d'observer les étoiles : l'apparition de l'étoile Arcturus sur la mer le soir (printemps), la position de la constellation d'Orion et de l'étoile Sirius au zénith (début de l'automne), le crépuscule définitif de la constellation des Pléiades (fin de l'automne, début de l'hiver). Comme il est écrit dans la Genèse, les astres ont été créés le quatrième jour « afin qu'ils servent de signes ».

Hésiode semble parfois attribuer aux étoiles elles-mêmes la *cause* des perceptions des hommes, comme dans ces vers sublimes sur la chaleur de l'été :

> *Lorsque le chardon fleurit, lorsque la cigale harmonieuse, assise au sommet d'un arbre, fait entendre sa douce voix en agitant ses ailes, dans la saison du laborieux été, les chèvres sont très grasses, les vins excellents, les femmes très lascives et les hommes très faibles, parce que le Sirius appesantit leur tête et leurs genoux, et dessèche tout leur corps par ses feux ardents.*

Il est difficile de savoir si cette attribution de la faiblesse des hommes à l'étoile Sirius doit être lue au sens littéral, ou si ici Sirius ne désigne rien d'autre que l'été lui-même. La distinction n'est probablement pas pertinente dans ce contexte : Hésiode évoque le fait que *quand* Sirius est haute dans le ciel (c'est-à-dire en été), *alors* les hommes sont faibles, sans se préoccuper d'une quelconque théorie des causes. Nous pouvons dire : « Le début de l'après-midi me donne sommeil », sans considérer que la cause de notre somnolence puisse être le déjeuner, et non l'heure de la journée.

Ceci nous amène à la seconde, et plus importante, règle de l'astronomie antique : l'effort de mettre en relation phénomènes célestes et phénomènes humains. Que l'on considère ou non la distinction entre influence causale et coïncidence temporelle, et que cette distinction soit ou non significative au VIe siècle avant J.-C., la question de la relation entre phénomènes célestes et faits humains est posée depuis l'antiquité la plus reculée.

Retournant à Babylone, on lit par exemple sur une tablette sumérienne dix siècles plus vieille qu'Anaximandre :

> *Au quinzième jour du mois, Vénus a disparu. Pendant trois jours elle est restée absente du ciel. Puis le dix-huitième jour du onzième mois elle est réapparue à l'est. De nouvelles sources ont jailli, le dieu Adad a envoyé la pluie, la déesse Ea a envoyé ses inondations...* *

Cette présentation conjointe d'un événement céleste et d'un événement terrestre est la forme quasi universelle des textes cunéiformes liés au ciel dont nous disposons. Voici par exemple la traduction de la tablette dite de « *Enuma Anu Enlil* », qui interprète l'apparence du soleil dans le ciel à l'aube :

> *Si au mois de Nisannu [premier mois du calendrier babylonien, autour de mars-avril] le soleil de l'aube apparaît aspergé de sang et si la lumière est froide : alors la révolte ne s'arrêtera pas dans le pays et le dieu Adad provoquera un massacre.*
>
> *Si au mois de Nisannu l'aube apparaît aspergée de sang : il y a des batailles dans le pays.*
>
> *Si le premier jour du mois de Nisannu l'aube apparaît aspergée de sang : il y aura beaucoup de dureté et de la chair humaine sera mangée.*
>
> *Si le premier jour du mois de Nisannu l'aube apparaît aspergée de sang et si la lumière est froide : le roi va mourir et il y aura des luttes dans le pays.*
>
> *Si cela se produit le second jour du mois de Nissan : un autre officier du roi va mourir, et les luttes vont se poursuivre dans le pays.*
>
> *Si le troisième jour du mois de Nisannu l'aube apparaît aspergée de sang : il y aura une éclipse.*

Dans *tous* les documents babyloniens, il apparaît clairement que le relevé des données astronomiques, position des planètes, éclipses, est en relation avec la croyance qu'elles sont corrélées

* Au lecteur qui ne l'aurait pas présent à l'esprit, je rappelle que Vénus apparaît dans le ciel tantôt à l'occident et tantôt à l'orient, et tantôt n'apparaît pas du tout.

avec des événements d'intérêt direct pour l'humanité, comme les guerres, les inondations, la mort du souverain, etc.

Il s'agit d'une croyance qu'entretiennent aujourd'hui encore la majorité des êtres humains, même dans les pays les plus cultivés de la planète, y compris en position de très haute responsabilité; évidemment, c'est une croyance parfaitement erronée.

À Babylone, on accumule donc des données sur le ciel, on cherche des régularités, des relations entre les événements célestes et ceux d'intérêt humain, ainsi qu'entre les événements célestes entre eux. Il n'est pas exclu qu'à Babylone, au temps d'Anaximandre, on sache prédire une éclipse avec une certaine marge d'erreur. Ou tout du moins, en ce qui concerne les éclipses de soleil, prédire les jours où il est *probable* qu'une éclipse ait lieu. À vrai dire, ce n'est pas une tâche très difficile, dès lors que l'on est attentif à la régularité, évidente, de la répétition des éclipses. Une personne intelligente et intéressée par le problème, avec ces données à disposition, ne peut en effet manquer de découvrir cette régularité*. Du maître d'Anaximandre, Thalès, les Grecs racontent avec émerveillement qu'il prédit une éclipse (de soleil), et que personne ne sut comment il avait fait une telle chose. Thalès avait selon toute probabilité voyagé à la cour de Babylone.

***

Une autre fonction de l'astronomie antique est bien illustrée par des événements qui se produisent au même moment, à l'autre bout du monde. Au VIe siècle est peut-être déjà créé en Chine le célèbre institut d'astronomie impérial. Selon le Shu Jing, le « Livre des Documents », probablement écrit autour de l'an 400 avant J.-C., le début de l'astronomie chinoise remonte à l'empereur légendaire Yao (尧), qui vécut plus de deux mille ans avant Jésus Christ. Le Shu Jing rapporte que l'empereur Yao :

> *... ordonna à Xi et He de trouver l'accord avec l'auguste Ciel et les phénomènes qui s'y succèdent, comme le soleil, et les étoiles qui mar-*

* Tous les 18 ans, 11 jours et 8 heures, la Lune et le Soleil se trouvent dans des positions relatives quasi identiques. La séquence des éclipses se répète presque invariablement après cette période, appelée cycle de Saros.

quent le temps, et de respectueusement stabiliser les saisons pour le peuple.

Xi et He ont chacun deux fils, qui sont envoyés aux quatre coins du monde, chacun avec la mission d'identifier solstices et équinoxes. Finalement l'empereur se tourne de nouveau vers Xi et He :

> *Ô vous, Xi et He ! La période est de trois centaines de jours, et six douzaines de jours, et six jours. Qu'on intercale donc des mois pour fixer correctement les saisons, et pour compléter l'année.*

Le problème qui motive la fondation de l'institut et l'attention à l'égard des phénomènes astronomiques semble donc être un problème de calendrier*.

Le développement d'un véritable savoir astronomique chinois est cependant plus tardif, datant probablement de l'ère Han, soit deux siècles après Anaximandre, et donc beaucoup plus tard que le développement correspondant de l'astronomie babylonienne. Au cours des millénaires, les astronomes chinois ont mis en place des méthodes rudimentaires pour prédire la position des planètes dans le ciel et les éclipses. Mais bien que l'institut d'astronomie

* Le problème du calendrier a tourmenté toutes les civilisations, des Mayas aux Chinois, de Jules César au pape Grégoire. Le problème est le suivant. Un moyen aisé de suivre le passage des jours est de compter les lunes, et de déterminer le jour en observant la phase. Pleine lune et lune nouvelle, premier et second quartiers sont facilement identifiables; il ne reste donc qu'à compter les jours entre une phase et la suivante, qui sont au nombre de sept (environ), soit une semaine. Mais il y a deux problèmes. D'abord, pour les temps longs de l'agriculture, c'est le cycle annuel qui est pertinent; mais à la différence des cycles lunaires, il est difficile de marquer le début et la fin du cycle solaire (c'est la raison pour laquelle l'empereur Yao doit charger des spécialistes de fixer solstices et équinoxes). Ensuite, un mois ne dure pas un nombre exact de jours, et un an ne dure pas un nombre exact de mois, ni un nombre exact de jours. Il faut donc des mois avec plus de jours que d'autres, de façon à rester en phase avec la lune, ce qui implique qu'il est impossible de garder les mois et les années en phase entre eux si l'on souhaite rester en phase avec le Soleil et la Lune. La solution adoptée par le monde moderne, avec des mois de longueur variable déconnectés des phases du Soleil et de la Lune, des années bissextiles tous les quatre ans (moins une tous les cent ans, plus une tous les quatre cents ans) et des jours de la semaine indépendants de la date, est extrêmement compliquée et ne peut sembler raisonnable qu'à celui qui est né avec. D'autres sociétés ont trouvé d'autres solutions, tout aussi baroques.

impérial chinois ait existé sans interruption pendant plus de vingt siècles, bien qu'il ait eu à sa disposition des observations astronomiques recueillies pendant tous ces siècles, et parmi les plus brillants esprits de l'empire, sélectionnés au mérite grâce à un système d'examens rigoureux, ses résultats ne sont guère satisfaisants : au XVIIe siècle (il y a trois cents ans), l'institut avait une capacité de prédiction des phénomènes célestes immensément inférieure à celle de l'*Almageste* de Ptolémée, écrit plus d'un millénaire et demi plus tôt, et n'avait pas encore réussi à comprendre que la terre est ronde.

Ce que l'astronomie chinoise nous enseigne est qu'une attention accrue aux phénomènes célestes, même durable au cours des siècles et pleinement soutenue par le pouvoir politique, non seulement ne conduit pas nécessairement à la science moderne (comme ce fut le cas avec Copernic, Kepler, Galilée et Newton), mais pas non plus au développement d'une théorie mathématique prédictive efficace et *précise* (comme celle de Ptolémée), ni à un pas en avant notable dans la compréhension de la structure du monde (comme celui d'Anaximandre). De la même manière, l'intérêt des antiques civilisations mésopotamiennes pour les phénomènes célestes fut certes continu et soutenu, mais n'est pas allé beaucoup plus loin qu'un recueil de données très imprécises, sous-tendues par une interprétation globale, qui les relie aux événements terrestres, complètement erronée*.

Au-delà du problème du calendrier, le point crucial est que l'importance donnée par le pouvoir impérial chinois à l'astronomie est motivée par des questions d'ordre rituel et idéologique. Comme pour les Grecs et comme pour l'Europe moderne, dans le confucianisme officiel le « Ciel » est le lieu de la divinité. L'empereur est *l'intermédiaire* entre le Ciel et la Terre, celui qui garantit et met en acte l'ordre du monde, qui est à la fois ordre social et cosmique. Cette fonction, pour Confucius, s'exerce dans

* Je discute plus loin le sens précis du mot « erroné » dans ce contexte, en particulier en relation avec les questions posées par la conscience de la relativité culturelle des valeurs de vérité.

les *rites* davantage que dans le gouvernement (de même que pour l'Église catholique le rite de la messe renouvelle et soutient l'alliance entre Dieu et les hommes; il remet en ordre le monde, pour les hommes perdus dans la confusion du quotidien). L'institut d'astronomie impériale avait la tâche cruciale de stabiliser les temps officiels des rites, en les coordonnant avec les événements du ciel (« trouver l'accord avec l'auguste Ciel »).

Je ne veux pas suggérer que ce furent nécessairement les mêmes motivations et le même esprit qui animaient les astronomes babyloniens – il y a de grandes différences entre la Chine et Babylone. Mais ces exemples prouvent qu'on peut s'occuper d'astronomie dans le cadre d'une pensée qui n'a rien à voir avec celle de Ptolémée ou de Copernic, ou, probablement, celle d'Anaximandre.

3. Les dieux

Une idée générale du climat culturel de la Grèce archaïque, enfin, nous est fournie par Hésiode, qui écrit un siècle avant la naissance d'Anaximandre, et qui doit certainement être bien connu dans le Milet de ce temps. Le monde d'Hésiode est un monde très humain, marqué par l'âpreté du travail agricole, sous-tendu par une morale franche et positive. Son œuvre est traversée par des interrogations sur le sens de l'humanité et la peine de la vie (dans *Les Travaux et les Jours*) et sur la naissance et l'histoire de l'univers (dans la *Théogonie*), qui présagent les grandes spéculations des siècles suivants, leur offrant peut-être des thèmes, des racines, des structures conceptuelles.

Les réponses qu'offrent Hésiode, quoique sans doute un peu plus complexes, sont taillées dans la même étoffe que celles que nous trouvons partout autour du monde, et en particulier dans les vallées du Tigre et de l'Euphrate : une étoffe faite exclusivement de dieux et de mythes.

Un exemple seulement. Comment le monde est-il né, et de quoi est-il fait ? La réponse d'Hésiode, au début de la *Théogonie,* est :

> *Au commencement exista le Chaos, puis la Terre à la large poitrine, demeure toujours sûre de tous les Immortels qui habitent le faîte de*

l'Olympe neigeux; ensuite le sombre Tartare, placé sous les abîmes de la Terre immense; enfin l'Amour, le plus beau des dieux, l'Amour, qui amollit les âmes, et, s'emparant du cœur de toutes les divinités et de tous les hommes, triomphe de leur sage volonté.

...

La Terre enfanta d'abord Uranus couronné d'étoiles et le rendit son égal en grandeur afin qu'il la couvrît tout entière et qu'elle offrît aux bienheureux Immortels une demeure toujours tranquille; elle créa les hautes montagnes, les gracieuses retraites des Nymphes divines qui habitent les monts aux gorges profondes. Bientôt, sans goûter les charmes du plaisir, elle engendra Pontus, la stérile mer aux flots bouillonnants; puis, s'unissant avec Uranus, elle fit naître l'Océan aux gouffres immenses, Céus, Créus, Hypérion, Japet, Théa, Thémis, Rhéa, Mnémosyne, Phébè à la couronne d'or et l'aimable Téthys. Le dernier et le plus terrible de ses enfants, l'astucieux Saturne, devint l'ennemi du florissant auteur de ses jours.

et ainsi de suite – superbe.

Ce récit de l'origine du monde est très similaire à de nombreux autres récits, présents dans toutes les autres civilisations. Voici le début de la création du monde selon l'*Enuma Elish* (« *Lorsque là-haut...* »), tel qu'il était dit au quatrième jour de la fête du nouvel an à Babylone (gravé sur des tablettes cunéiformes du XIIe siècle avant J.-C., un demi-millénaire avant Hésiode, retrouvées dans le palais d'Ashurbanipal à Ninive) :

Lorsque là-haut le ciel n'avait pas encore de nom,

Et qu'Ici-bas la terre ferme n'avait pas de nom,

Seuls Apsu-le premier, (eaux douces) le progéniteur, et Tiamat, (eaux salées) la génitrice qui les enfantera tous,

Mêlaient en un seul toutes leurs eaux :

Ni bancs de roseaux n'y étaient encore agglomérés,

Ni cannaies n'y étaient discernables.

Des dieux, nul n'était encore apparu, ils n'étaient ni appelés de noms ni lotis de destins.

> *Alors d'Apsu et de Tiamat, dieux des eaux, dans la vase précipitée, Lahmu et Lahamu ont émergé et leurs noms furent prononcés. À peine grandis, Anshar et Kishar leur sont nés, les surpassant.*
>
> *Le ciel et la terre se sont écartés, la où les horizons étaient réunis, afin de séparer le nuage de la vase.*
>
> *Ils ont passé de longs jours, ils ont ajouté les années aux années jusqu'à ce qu'Anu, le ciel vide, leur fils premier-né, vienne rivaliser avec ses ancêtres.*

et ainsi de suite, sur des centaines de vers. La consonance avec les vers d'Hésiode est patente. De tous les textes qui sont arrivés jusqu'à nous, c'est exclusivement par ces *mythes* que la pensée confère un ordre au monde. Et c'est au pouvoir des *dieux*, ou en tout cas d'entités surnaturelles, que l'homme attribue la responsabilité des événements du monde.

Les histoires des dieux remplissent presque complètement les textes antiques. Ils structurent la description du monde, agissant dans tous les grands récits comme d'authentiques personnages; ils servent de fondement à la justification du pouvoir monarchique, s'identifient à lui, sont constamment invoqués dans les décisions individuelles et collectives; ils sont enfin les garants de la loi*. Cette centralité du divin est commune à toutes les civilisations antiques. Les dieux, ou le divin, jouent un rôle absolument fondateur pour la civilisation elle-même, du moins d'après les traces écrites dont nous disposons.

Pourquoi ? Comment l'humanité a-t-elle créé et partagé cette étrange structure de pensée, où les dieux jouent un rôle si crucial ? Quand ? Ce sont des questions centrales pour comprendre ce qu'est la civilisation – des questions auxquelles nous sommes loin de pouvoir répondre. Pour autant, la centralité et l'universalité des dieux du polythéisme comme éléments fonda-

* Par exemple, dans le code de Hammurabi, mentionné plus haut, le texte est introduit par Hammurabi lui-même, expliquant que la loi lui a été donnée par le dieu Marduk, de la même manière que la loi hébraïque a été donnée à Moïse par Jéhovah.

teurs de la pensée antique et de l'explication du monde est hors de discussion*. Quand naît Anaximandre, le fondement de tout savoir est exclusivement cherché dans le mythe et le divin.

4. Milet

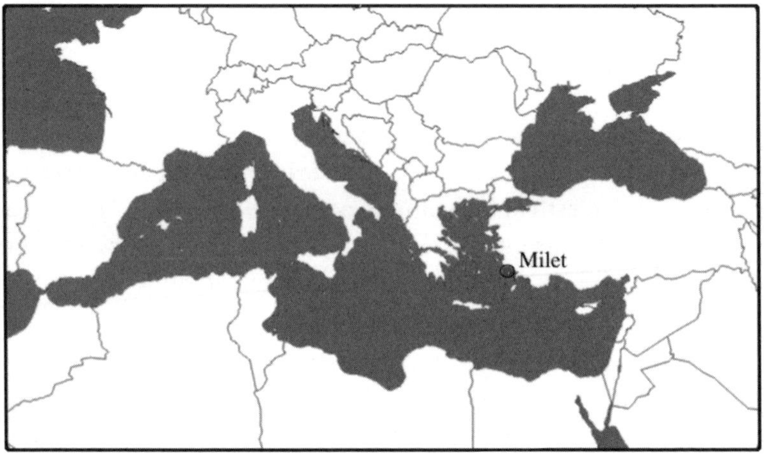

L'atmosphère qui règne dans les jeunes cités de la civilisation grecque naissante, en pleine expansion géographique, économique, commerciale et politique, est certainement très différente de celle que l'on respire à Babylone, Jérusalem ou en Égypte. Toutes les formes d'expression de cette jeune culture témoignent de sa singularité. Ainsi par exemple de la sculpture ionienne : déjà s'y révèlent la diversité et le naturalisme qui préludent à l'art classique grec.

Plus frappants encore, les premiers poèmes lyriques sont d'une extrême nouveauté :

> *Il me paraît égal aux dieux celui qui, assis près de toi, doucement, écoute tes ravissantes paroles et te voit lui sourire; voilà ce qui me bouleverse jusqu'au fond de l'âme.*

* Voir par exemple Jean Bottero dans [Bottero, Herrenschmidt, Vernant 1996].

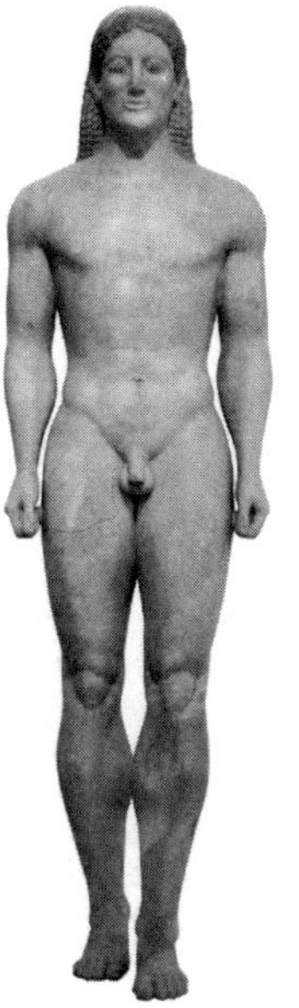

Figure 4

« Anavyssos Kouros », statue en marbre en grandeur nature, probablement réalisée pendant la vie d'Anaximandre (Musée Archéologique d'Athènes) (voir *planche II*).

Sitôt que je te vois, la voix manque à mes lèvres, ma langue est enchaînée, une flamme subtile court dans toutes mes veines, les oreilles me tintent, une sueur froide m'inonde, tout mon corps frissonne, je deviens plus pâle que l'herbe flétrie, je demeure sans haleine, il semble que je suis près d'expirer.
Mais il faut tout oser puisque dans la nécessité…

[À une femme aimée, *Sappho*] *

Si beau.

Mais surtout, le monde grec se singularise par une structure *politique* d'une radicale nouveauté. Alors que le reste de la planète s'essouffle à chercher la stabilité en s'organisant en grands

* Traduction Ernest Falconnet.

royaumes et empires, suivant l'exemple du royaume millénaire des pharaons, la Grèce reste fragmentée en cités, défendant fièrement, jalousement, leur indépendance. Loin d'être une source de faiblesse, cette fragmentation est au cœur de l'extraordinaire dynamisme culturel qui fera l'immense succès, avant tout politique, de la civilisation grecque*.

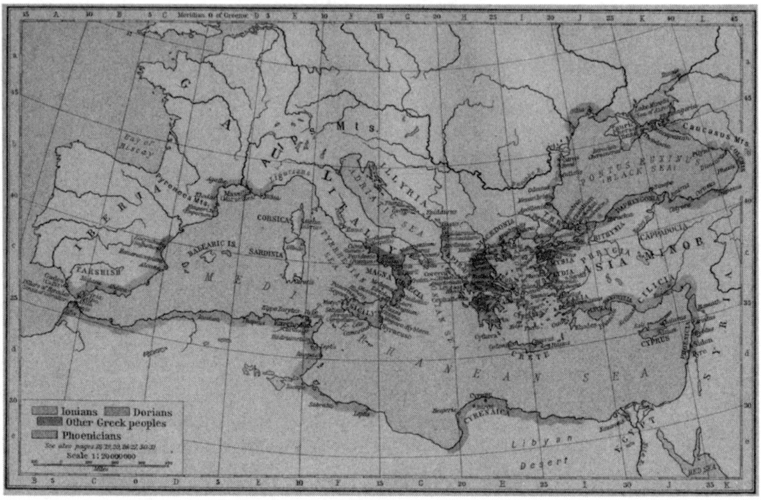

Figure 5

L'expansion grecque et phénicienne à la moitié du VIe siècle (voir *planche I*)

Pour situer la pensée d'Anaximandre dans son contexte culturel, il faut l'imaginer évoluant non pas dans la riche et efficace bureaucratie des scribes égyptiens, non pas dans les arcanes de la cour de l'antique Babylone, mais dans une florissante petite cité portuaire ionienne, d'où partent et où arrivent sans cesse des

* C'est peut-être le même schéma qui s'est répété dans l'Europe du Moyen Âge tardif et moderne : alors que les autres civilisations mènent à son terme un processus d'union politique et de stabilisation impériale, la faillite de ce processus en Europe est responsable d'un différentiel de croissance qui déterminera finalement le succès militaire, culturel et politique de l'Europe.

navires de commerce. Où chaque citadin se sent sans doute davantage maître de son destin et de celui de sa cité qu'un anonyme sujet du pharaon.

***

L'Ionie est une petite région sur la côte de l'Asie Mineure, formée d'une douzaine de cités, ouverte sur la mer et protégée par une côte rocheuse, découpée et abrupte. C'est ici, sur cette petite bande de terre, assez peu connue et relativement secondaire dans l'histoire du monde, qu'apparaît la première pensée critique. C'est ici que naît le libre esprit d'investigation qui deviendra la marque distinctive de la pensée grecque et plus tard du monde moderne. La civilisation humaine a envers cette terre une dette qui est peut-être plus grande encore que celle qu'elle a envers l'Égypte, Babylone ou Athènes [Shotwell 1922].

Adossé à l'Ionie, dans les terres de l'Asie Mineure, se trouve le riche royaume de Lydie, qui a quelques décennies plus tôt frappé la première monnaie de l'histoire. Alyattes II, roi de Lydie, monte sur le trône l'année de la naissance d'Anaximandre, et poursuit la guerre contre Milet déclenchée par son père Sadyattes. Très vite, cependant, son attention se concentre sur les hostilités avec Babylone et le royaume mède, qui le pressent au sud-est. Il signe donc l'armistice avec Milet, et laisse la cité en paix. La tombe de Sadyattes est encore visible, sur le plateau situé entre le lac Gygée et le fleuve Hermus au nord de Sardes : un gros monticule de terre surmontant une structure d'énormes blocs de pierre; sur la cime, de grands phallus de pierre.

Les cités ioniennes sont peuplées de Grecs, arrivés de diverses régions de Grèce bien plus tôt, peut-être un siècle ou deux après la guerre de Troie, métissés avec la population autochtone. Les cités sont indépendantes, mais unie par une alliance, la Ligue Ionienne, au caractère principalement culturel et religieux. Les délégués de la Ligue se réunissent au *Panionium*, un sanctuaire dédié à Poséidon Helikonios. Les restes archéologiques de ce sanctuaire ont été mis à jour très récemment (2005), sur les pentes du mont Mycale. Avant-poste grec sur la terre des grands empires antiques du sud, l'Ionie est remarquable pour sa richesse et sa fertilité.

Outre ses précieux produits locaux, comme l'huile des olives qui poussent aujourd'hui encore sur les vestiges de Milet, la source de sa richesse est le commerce. D'abord vers le nord, vers la mer Noire : l'Ionie contrôle la voie de transit qui fit des siècles plus tôt la prospérité de Troie, et pour la conquête de laquelle les Grecs ont tant souffert. Et puis en direction de l'Asie, grâce aux caravanes qui traversent l'Asie Mineure, pour rejoindre les marchands assyriens. L'Ionie est le pivot entre l'Occident et l'Orient. Enfin au sud, d'où arrivent les navires phéniciens, par lesquels les Grecs ont appris à écrire. Une cité grecque a en général un nombre substantiel d'esclaves, une économie mixte – agricole, artisanale et commerciale – et des citadins libres, qui prennent les armes en cas de nécessité. La plus florissante et la plus méridionale de ces cités, c'est-à-dire la plus proche des grandes civilisations du sud, est Milet. Hérodote la baptise « le joyau de l'Ionie » [Les Histoires V, 28].

Milet est bien plus ancienne que sa colonisation grecque. La cité est mentionnée sous le nom de *Millawanda* dans les annales hittites de Mursili II, où il est dit qu'en 1320 av. J.-C., la cité se fit solidaire de la rébellion de Uhha-Ziti d'Arzawa et qu'en représailles, Mursili ordonna à ses généraux Mala-Ziti et Gulla de la raser. Les restes de cette destruction ont été mis au jour par l'archéologie moderne. Milet fut ensuite fortifiée par les Hittites, probablement pour la défendre contre les attaques grecques, mais fut détruite à nouveau, à diverses reprises, par divers envahisseurs.

Hérodote raconte que la Milet grecque fut fondée autour de 1050 av. J.-C. par Nélée, le cadet du roi d'Athènes Codros. Nélée et ses hommes assassinèrent les natifs et prirent leurs femmes pour épouses. Mais déjà à la fin du VIIIe siècle, la monarchie de Milet touche à sa fin, suite à une querelle entre deux descendants de la maison royale de Nélée, Amphyteos et Léodamos. Amphyteos fait assassiner Léodamos et prend le pouvoir par la force. Le fils exilé de Léodamos revient avec un groupe de compagnons, retrouve Amphyteos et le tue. Mais quand la paix est rétablie, la monarchie a perdu son autorité. Les citadins élisent un législateur, le « dictateur temporaire », Épimène. La cité est ensuite gouvernée par une « prytanie », magistrature oligarchique élective, qui évolue souvent en tyrannie.

Milet est donc la scène d'un processus politique complexe, qui rappelle celui d'Athènes ou celui, plus tardif et bien connu, de Rome : le roi chassé par une aristocratie, à son tour mise en difficulté par une classe de riches commerçants, qui jouent un rôle de médiation entre l'aristocratie et le monde artisan et rural. Suivent alors de longues luttes politiques, dominées par le conflit entre le parti « des riches » (Πλουτις) et le parti « des travailleurs » (Χειρομαχα).

Cette complexité politique est la caractéristique qui différencie le plus profondément la nouvelle culture grecque des royaumes orientaux, et réside certainement au cœur de la révolution intellectuelle dont elle est le théâtre. En 630, vingt ans avant la naissance d'Anaximandre, le pouvoir est accaparé, probablement avec le soutien populaire, par Thrasybule, qui jouera un rôle important dans l'histoire de la cité, la portant à l'apogée de sa puissance.

À la naissance d'Anaximandre, au début du VIe siècle, Milet est donc une cité florissante. C'est l'un des plus importants ports commerciaux du monde grec, peut-être le plus important, et la cité grecque la plus peuplée d'Asie, avec peut-être une centaine de milliers d'habitants. Elle domine un petit, mais stratégique, empire maritime, formé de dizaines de colonies, distribuées principalement sur les côtes de la mer Noire. Pline l'Ancien fait mention de quatre-vingt-dix colonies fondées par Milet. On trouve également des colonies ioniennes en Italie, et dans l'actuelle France. La cité fait commerce du blé, en provenance de ses colonies scythes (Ukraine), du bois pour la construction, du poisson salé, du fer, du plomb, de l'argent, de l'or, de la laine, du lin, de l'ocre, du sel, des épices, des peaux. En provenance de Naucratis, les caravanes d'Égypte et du Moyen Orient apportent sel, papyrus, ivoire et parfums. Milet produit et exporte des terres cuites, des armes, de l'huile, des meubles, des tissus, du poisson, des figues, du vin. Les étoffes milésiennes, en particulier, sont très renommées.

L'escale commerciale de Naucratis, en Égypte, est fondée autour de 620, soit une dizaine d'années avant la naissance d'Anaximandre. À vrai dire, les points de contact culturels avec l'antique civilisation égyptienne ne manquent pas. L'influence de l'Égypte se fait notamment sentir dans l'architecture : les premiers grands temples monumentaux grecs datent de cette époque, et sont d'inspiration égyptienne directe, tant sur le plan technique que stylistique [Naddaf, 2003].

Colonies et routes commerciales ne sont pas seulement sources de richesse, mais aussi de rencontres avec des peuples différents, de découvertes d'idées et d'opinions différentes. Milet est en contact économique et culturel avec l'ensemble du monde méditerranéen et moyen-oriental. Avec la croissance de l'économie, c'est aussi la vision du monde qui s'élargit [Lloyd 1979, Naddaf 2003].

Milet est donc riche, libre, capable de se défendre seule contre la menace lydienne. C'est probablement la cité grecque la plus exposée aux influences culturelles du sud. Mais à la différence des grandes cités de Mésopotamie et d'Égypte, à Milet, ni palais royal, ni puissante caste sacerdotale. Les habitants de Milet sont libres, au centre d'une culture cosmopolite, d'une bouillonnante activité économique, et surtout sont les témoins d'une extraordinaire fertilité artistique, politique et culturelle. En somme, Milet est le cœur du « premier véritable humanisme » [Farrington, 1978].

***

Quelques mois avant de mourir, Anaximandre voit Milet tomber sous la domination du grand empire perse, dont l'expansion est facilitée par la chute de l'empire assyrien. Peu de temps après, en 494, suite à une tentative manquée de rébellion contre l'empire, la cité est saccagée et entièrement rasée par les Perses, qui prennent en esclavage et déportent dans le golfe persique la majorité de ses habitants. C'est la fin du primat culturel milésien dans la Grèce antique.

Figure 6

Milet : le théâtre

Figure 7

La porte du marché de Milet au Musée de Pergame de Berlin

Mais déjà au milieu du Ve siècle, la cité grecque renaît de ses cendres, reconstruite par le grand architecte Hippodame, le père génial de l'urbanisme. C'est de cette période, au siècle suivant celui d'Anaximandre, que datent les plus anciens des vestiges archéologiques que nous admirons aujourd'hui, comme le splendide théâtre de Milet (agrandi ensuite à l'époque romaine) (*figure 6*).

La célèbre porte du marché de Milet (*figure 7*), transportée au Musée de Pergame de Berlin en 1907, et reconstruite au musée en 1928, est beaucoup plus tardive, d'époque romaine, et témoigne de la splendeur retrouvée de la cité sous l'empire.

***

Anaximandre est certainement un citoyen important à Milet. Une source (Aelius) rapporte qu'il est à la tête de la colonie milésienne d'Amphipolis. Peu de temps avant lui a vécu Thalès, connu dans la tradition grecque comme l'un des « Sept Sages ». Il serait absurde d'imaginer qu'ils ne se sont pas connus. Mais il n'est pas sûr que l'on puisse parler d'une école : on ignore comment, à Milet, s'effectuent la transmission et la diffusion du savoir.

Figure 8

Coupe spartiate du VIe siècle, attribuée au peintre du roi Archesilias II. Certains auteurs ont voulu y lire l'influence de la pensée d'Anaximandre : la Terre a la forme d'une colonne, et le ciel, porté par Atlas, entoure la Terre. L'autre personnage est Prométhée (voir *planche II*). (Musée du Vatican).

Des sources antiques parlent d'un voyage d'Anaximandre à Sparte, où il aurait construit une méridienne pour déterminer solstices et équinoxes. Cicéron raconte en outre qu'à Spartes, Anaximandre aurait sauvé de nombreuses vies en prédisant un tremblement de terre. L'histoire semble improbable, mais les informations dont nous disposons dépeignent un voyageur connu et estimé. Divers auteurs retiennent qu'il aurait voyagé en Égypte, via Naucratis.

Il ne subsiste aucune description physique d'Anaximandre, sinon une brève allusion de Diogène Laërce, qui raconte qu'Empédocle cherchait à l'imiter en adoptant des manières solennelles et théâtrales.

Anaximandre doit certainement avoir à sa disposition des textes écrits, puisqu'il décide de consigner ses réflexions dans un livre. Mais de sa vie, de son caractère, de son aspect, de ses lectures, de ses voyages, nous ne savons malheureusement presque rien.

Mais qu'importe, c'est sa pensée qui nous intéresse. Et c'est ce que nous en savons que j'essaie de synthétiser dans le prochain chapitre.

2
Les contributions d'Anaximandre

Anaximandre a écrit un livre en prose, connu sous le titre de Περί φύσεως, « Sur la nature ». De ce texte, malheureusement perdu, il ne reste qu'un fragment, cité par Simplicius [*Commentaire sur la Physique d'Aristote,* 24, 13] :

ἐξ ὧν δὲ ἡ γένεσίς ἐστι τοῖς οὖσι, καὶ τὴν φθορὰν εἰς ταῦτα γίνεσθαι
κατὰ τὸ χρεών
διδόναι γὰρ αὐτὰ δίκην καὶ τίσιν ἀλλήλοις τῆς ἀδικίας
κατὰ τὴν τοῦ χρόνου τάξιν.

La traduction de ce fragment, controversée, pourrait être :

« Toutes choses ont racines l'une dans l'autre
et périssent l'une dans l'autre,
selon la nécessité.
Elles se rendent justice l'une à l'autre,
et se récompensent pour l'injustice,
conformément à l'ordre du temps. »

Beaucoup de pages ont été écrites sur ces obscures paroles, et il est vrai qu'elles excitent l'imagination. Cependant, ainsi extraites de leur contexte, il est difficile d'en tirer une interprétation un tant soit peu objective. La substance de la pensée d'Anaximandre est à chercher ailleurs.

Par chance, les sources grecques sur le contenu du texte d'Anaximandre sont nombreuses, même si la plupart sont tardives et indirectes, et pas toujours très fiables. L'une des plus riches est Aristote, qui discute abondamment les idées d'Anaximandre, et n'écrit que deux siècles après lui. Selon toute vraisemblance, Aristote possédait le livre d'Anaximandre dans sa célèbre bibliothèque. Sa pensée est ainsi présentée en grand détail dans l'histoire de la philosophie de Théophraste, l'élève et successeur d'Aristote à la tête de l'école péripatétique. L'œuvre de Théophraste est perdue elle aussi, mais elle est largement évoquée par des sources plus tardives qui sont parvenues jusqu'à nous, comme l'œuvre de Simplicius, philosophe qui vécut entre Alexandrie et Athènes au VIe siècle *après* J.-C. Plus d'un millénaire sépare donc Simplicius d'Anaximandre...

Le travail de reconstruction de la pensée d'Anaximandre à partir de telles sources, nombreuses mais tardives et disparates, est un puzzle fascinant. Les procédés utilisés pour dérouler et déchiffrer les rouleaux carbonisés que les archéologues retrouvent dans les antiques bibliothèques romaines sont de plus en plus performants, de même que les techniques de lecture aux rayons X des bandes des momies égyptiennes, que les prêtres funéraires confectionnaient souvent en déchirant des copies de livres. En attendant que l'une d'elles nous dévoile le texte de Théophraste, ou même celui d'Anaximandre*, c'est à cette reconstruction que nous devons nous livrer.

Sans entrer dans les détails de cet art complexe, je résume dans ce chapitre certaines des principales idées qui, à la lumière des reconstructions qui me semblent les plus fiables [Kahn 1960, Conche 1991, Couprie 2003, Graham 2006], semblent revenir à Anaximandre†.

* Ce n'est pas invraisemblable. Le nom d'Anaximandre apparaît dans le catalogue des auteurs représentés dans une bibliothèque romaine récemment mise à jour à Taormina [Blanck 1997].

† Je prends une position intermédiaire entre celle, plus rigoureuse, qui consiste à ne lui attribuer que les idées que nous pouvons tracer jusqu'à lui avec certitude, et celle, plus généreuse, qui consiste à lui attribuer toutes celles que le monde antique lui reconnaît.

1. Les phénomènes météorologiques ont des causes naturelles. L'eau de la pluie est l'eau de la mer et des fleuves évaporée sous l'effet de la chaleur du soleil ; elle est transportée par les vents ; et tombe finalement sur la terre. Le tonnerre et l'éclair sont provoqués par la rencontre violente des nuages, les tremblements de terre par les fractures de la terre causées par une chaleur trop importante ou un excès de pluie.
2. La Terre est un corps de dimension finie qui flotte dans l'espace. Elle ne tombe pas parce qu'elle n'a pas de direction particulière vers laquelle tomber, elle n'est « dominée par aucun autre corps ».
3. Le soleil, la lune et les étoiles tournent autour de la Terre en accomplissant des cercles complets. Ils sont entraînés par d'immenses roues, similaires à des « roues de charrettes » (*figure 9*). Ces roues sont creuses (comme des roues de bicyclette), remplies de feu, et sont percées de trous sur leur rayon intérieur : les astres ne sont rien d'autre que ce feu, vu au travers de ces trous. Les roues servent sans doute à expliquer pourquoi les astres ne tombent pas. Les étoiles sont sur les

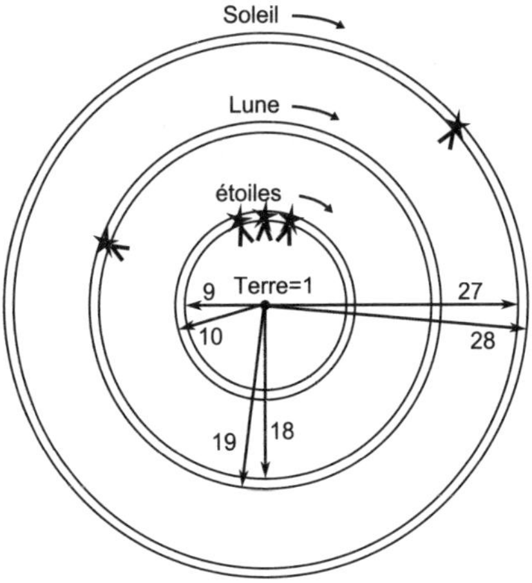

Figure 9

Reconstruction de la cosmologie d'Anaximandre

cercles les plus proches, la lune sur un cercle intermédiaire et le soleil sur le cercle le plus lointain, à des distances respectivement proportionnelles aux nombres 9, 18, et 27*.

4. La multiplicité des choses qui forment la nature est dérivée d'une origine, ou « principe », unique, appelé « *apeiron* » (ἀπείρων), qui signifie illimité, indéfini ou indéterminé.
5. La transformation des choses l'une dans l'autre est réglée par la « nécessité ». Celle-ci détermine le déploiement des phénomènes dans le temps.
6. Le monde est né quand de l'apeiron se sont séparés le chaud et le froid. C'est cela qui a engendré l'ordre du monde. Une sorte de boule de feu a grandi autour de l'air et de la terre « comme l'écorce d'un arbre ». Celle-ci s'est ensuite brisée, restant confinée dans les cercles qui forment soleil, lune et étoiles. La terre était à l'origine couverte d'eau, et s'est progressivement asséchée.
7. Tous les animaux vivaient originellement dans la mer, ou dans l'eau qui recouvrait la terre dans le passé. Les premiers animaux étaient donc des poissons, ou des sortes de poissons. Ils ont ensuite conquis la terre ferme, quand celle-ci s'est asséchée, et se sont adaptés à ce nouveau milieu. Les hommes, en particulier, ne peuvent être apparus dans leur forme actuelle, parce que les nourrissons ne sont pas autosuffisants, ce qui implique que quelqu'un d'autre devait les nourrir. Ils sont donc dérivés d'autres animaux, à la forme de poissons.

À ceci nous pouvons ajouter les points suivants :

8. Anaximandre réalise la première carte géographique du monde connu (*figure 10*). Elle est ensuite développée à la génération suivante par un autre milésien, Hécatée, dont la carte servira de base à toutes les cartes antiques.

* [Couprie 1995] formule l'hypothèse selon laquelle ces nombres ne seraient que des expressions pour dire « très loin », « encore plus loin » et « extrêmement loin ». D'autres ont cherché à les interpréter comme des mesures arbitraires décrivant concrètement un modèle mécanique, comme si l'on disait « imaginons la Lune sur un grand cercle, et le Soleil sur *deux* fois plus grand » pour dire « sur un autre cercle, *plus grand* ».

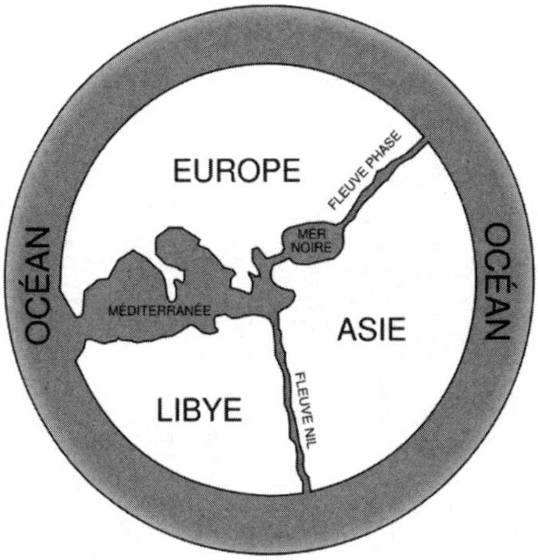

Figure 10

Reconstruction hypothétique
de la carte du monde d'Anaximandre

9. Anaximandre écrit le premier livre sur les phénomènes naturels en prose. Les œuvres précédentes sur l'origine et la structure du monde (comme la *Théogonie* d'Hésiode) sont toutes écrites en vers.
10. On attribue traditionnellement à Anaximandre l'introduction dans le monde grec de l'usage du *gnomon*. Le gnomon est essentiellement un bâton planté en terre verticalement, dont on mesure la longueur de l'ombre pour estimer la hauteur du soleil sur l'horizon. Avec cet instrument on peut déjà développer une astronomie complexe des mouvements du soleil.

Certains auteurs lui attribuent la première mesure de l'inclinaison de l'écliptique. L'idée est plausible si l'on admet, comme il semble que cela soit le cas, qu'il fit un usage systématique du gnomon – l'inclinaison de l'écliptique est en effet la première quantité naturelle à mesurer avec un gnomon*.

* Cette dernière attribution est controversée [Kahn 1970].

Figure 11

Gnomon du XVIIIe siècle, Pékin

Le cadre de pensée dans lequel s'inscrivent ces idées est difficile à établir. Gérard Nattaf [2003] suggère que l'objectif général d'Anaximandre est de reconstruire et d'expliquer l'histoire de l'ordre des choses, naturelles autant que sociales, de l'origine au temps présent, dans une perspective rationnelle et naturaliste. Naddaf note que ceci est l'objectif des mythes cosmogoniques. Anaximandre s'inscrit dans cette tradition, en renouvelant en profondeur sa méthode, développant la nouvelle perspective naturaliste.

Quel que soit le motif qui animait les recherches d'Anaximandre, il est clair que nous ne pouvons assimiler l'ensemble de ses idées et résultats à un *corpus* scientifique complet au sens de la science moderne. Certains aspects essentiels de ce que nous appelons aujourd'hui science en sont absents. Il suffit d'en citer deux, majeurs :

La recherche des *lois mathématiques* sous-jacentes aux phénomènes naturels est totalement absente. Cette idée apparaîtra à la génération suivante, dans l'école pythagoricienne, et sera développée aux siècles suivants, jusqu'aux résultats grandioses de la science alexandrine, en particulier cette cathédrale de la physique mathématique qu'est l'astronomie d'Hipparque et Ptolémée.

Absente également est l'idée d'*expérience*, dans le sens de constructions de situations physiques artificielles, adaptées aux observations et mesures pertinentes pour comprendre la nature. Il faut attendre les travaux de Galilée, deux mille ans plus tard, pour voir une réalisation mature de cette idée – ce qui sera l'une des clés de voûte de la grande floraison de la science européenne.

On pourrait prolonger cette énumération des différences entre la pensée d'Anaximandre et la pensée scientifique moderne : Anaximandre est archaïque à plus d'un égard.

Pour autant, son archaïsme ne doit pas nous dissimuler la portée, profondément novatrice, de son approche – et son influence majeure sur le développement ultérieur de la science. C'est mon objectif, dans la suite de cet essai, d'éclairer cette affirmation. Il me faut pour cela examiner plus en détail ses contributions, et leur signification – telles qu'elles apparaissent non pas à l'historien de la culture grecque archaïque, mais bien au scientifique d'aujourd'hui.

3
Les phénomènes atmosphériques

Avant d'aborder le thème majeur de la *cosmologie* d'Anaximandre, ou celui, subtil, de la nature de l'apeiron, je veux me pencher sur un aspect de sa pensée souvent considéré comme marginal, mais qui est au contraire d'importance centrale : sa lecture des phénomènes atmosphériques en termes naturalistes.

Nous savons par Hippolyte que :

> *[Anaximandre soutient que] la pluie provient de la vapeur qui s'élève de la terre sous l'effet du soleil.*

et par Aétius et Sénèque que :

> *[Tonnerre, éclair, foudre, ouragans et typhons :] pour Anaximandre tous ces phénomènes sont dus au vent.*

Et qu'est-ce que le vent ? Toujours Aétius :

> *Pour Anaximandre, le vent est un flux d'air dont les parties les plus fines et les plus humides sont mises en mouvement et mélangées sous l'action du Soleil.*

Ammien Marcellin quant à lui nous relate l'explication des tremblements de terre* :

> *De son côté, Anaximandre prétend que ce sont les vents qui s'engouffrent dans ces grandes gerçures ou crevasses qui entrouvrent le sol à*

---

* Traduction M. Nisard.

la suite d'un été trop ardent ou de pluies continues, et qui le remuent ensuite jusque dans ses fondements; ce qui expliquerait la coïncidence ordinaire de ces terribles phénomènes avec une période de sécheresse ou d'humidité excessive.

Et ainsi de suite, dans de nombreuses autres sources.

Si nous plaçons ces idées dans le contexte général de la culture grecque, nous pouvons y voir une confirmation de l'attention du monde grec pour les phénomènes atmosphériques, déjà exprimée dans les récits religieux. Si nous les lisons à la lumière des connaissances contemporaines, marquées par une complète conscience de la nature *physique* des phénomènes météorologiques, ces idées nous apparaissent comme des tentatives naïves d'expliquer certains phénomènes, parfois erronées (les tremblements de terre ne se produisent pas quand il pleut trop, ou quand il fait trop chaud), parfois étonnamment correctes (l'origine de la pluie est effectivement l'évaporation de l'eau de mer).

Ces deux lectures sont aussi myopes l'une que l'autre, parce qu'elles ne voient pas le fait crucial suivant. Dans tous les textes antérieurs à Anaximandre dont nous disposons, grecs et non grecs, les phénomènes naturels comme la pluie, le tonnerre, les tremblements de terre et le vent sont *toujours* expliqués en termes *exclusivement* mystiques et religieux, comme autant de manifestations de forces incompréhensibles, attribuées à des êtres divins.

La pluie vient de Zeus, le vent d'Éole, les vagues sont soulevées par Poséidon. Avant le VIe siècle, on ne trouve aucun signe d'une tentative d'expliquer comment ces phénomènes résultent de causes naturelles, indépendantes de la volonté des dieux.

À un certain point de l'histoire de l'humanité naît l'idée qu'il est possible de comprendre ces phénomènes, leurs relations, leurs causes, leurs rencontres, *sans* faire appel aux caprices des dieux. Ce tournant advient dans la pensée grecque du VIe siècle, et sa primauté est presque à l'unanimité accordée par les Anciens à Anaximandre de Milet.

Ce bouleversement intellectuel est sous-évalué, pour deux raisons.

D'une part, et quoique les auteurs antiques parlent assez exhaustivement, et avec une certaine fidélité, des idées d'Anaximandre, l'explication naturaliste des phénomènes reste très incertaine dans la culture antique. La science grecque obtient un succès éclatant grâce à son analyse des phénomènes astronomiques, comme le mouvement du soleil, de la lune et des planètes, elle clarifie en profondeur la statique, l'optique, elle jette les bases de la médecine scientifique, etc. Mais quand il s'agit de donner des explications solides pour des phénomènes physiques complexes, comme les phénomènes météorologiques*, elle reste largement impuissante. C'est pourquoi les auteurs antiques considèrent la proposition naturaliste d'Anaximandre comme une *hypothèse* plausible, et non comme une *solution* crédible et consensuelle pour comprendre ces phénomènes. Ceci est déjà évident à la lumière des extraits cités : aucun ne dit « Anaximandre a compris que », par exemple que l'eau de pluie provient de l'évaporation de l'eau sur la terre, mais bien « Anaximandre soutient que ». Autrement dit, l'antiquité n'a pas tranché si la proposition naturaliste d'Anaximandre est efficace ou non.

À l'inverse, les commentateurs d'Anaximandre contemporains considèrent en règle générale parfaitement *évidente* la relation entre les phénomènes atmosphériques et leurs causes naturelles, si bien qu'ils ne relèvent même pas, ou très incidemment, le gigantesque saut conceptuel qui sous-tend cette hypothèse.

Dans la religion grecque, le ciel est le lieu privilégié du divin, et les phénomènes météorologiques sont naturellement interprétés comme l'expression des dieux [Kahn 1960]. La foudre est attribuée au père des dieux, Zeus. Poséidon déclenche les tremblements de terre. Dans la tradition grecque, l'imprévisibilité des phénomènes météorologiques est l'exact reflet de la liberté des dieux. La recherche d'une interprétation *naturaliste* de ces phénomènes, dans laquelle les dieux ne jouent aucun rôle, est une rupture considérable par rapport à la lecture religieuse du monde.

* Voir cependant Russo [2003] sur les marées.

Dans *Les Nuées*, Aristophane démontre que deux siècles plus tard, l'explication naturaliste du tonnerre et de la foudre proposée par Anaximandre est encore perçue comme un blasphème contre Zeus :

> STREPSIADE : *J'ai toujours pensé que la pluie vient de Zeus. Et le tonnerre, qui le provoque ? J'en ai toujours eu peur…*
>
> SOCRATE : *Les Nuées, qui tonnent en roulant.*
>
> STREPSIADE : *Comment cela, ô toi qui braves tout ?*
>
> SOCRATE : *Lorsqu'elles sont pleines d'eau, et contraintes à se mouvoir, précipitées d'en haut violemment, avec la pluie qui les gonfle, puis alourdies, et lancées les unes contre les autres, elles se brisent et éclatent avec fracas.*
>
> STREPSIADE : *Mais qui donc les contraint et les emporte ? N'est-ce pas Zeus ?*
>
> SOCRATE : *Pas du tout, mais le Tourbillon éthéréen.*
>
> STREPSIADE : *Le Tourbillon ? J'ignorais et que Zeus n'existât pas et que le Tourbillon régnât aujourd'hui à sa place…*

La comédie se ferme sur la rossée de Socrate et ses amis, accusés de blasphème et de corruption de la jeunesse :

> STREPSIADE : *Pourquoi insultiez-vous les dieux et contempliez-vous le séjour de la Lune ?*
>
> *Poursuis, frappe, détruis !*
> *Ils ont eu bien des torts,*
> *et surtout celui que tu sais*
> *d'avoir manqué aux dieux.*

La comédie d'Aristophane est divertissante, et l'on raconte que Socrate (le vrai), au terme de la première représentation, se leva amicalement pour saluer l'assemblée de la main; et Platon dans *Le Banquet* décrit Socrate et Aristophane partageant le dîner fraternellement. Mais vingt ans plus tard, Socrate est convoqué devant le tribunal d'Athènes et condamné à mort, pour le motif que ses enseignements corrompent la jeunesse, et parce qu'il ne reconnaît pas les dieux de la cité – précisément les accusations portées par Aristophane dans la comédie. Le crime est de penser, comme Anaximandre, que les phénomènes atmosphériques puissent être compris comme des faits naturels, sans référence aux dieux.

Pour un Grec dévot, l'idée que la pluie fût causée par les mouvements du vent et la chaleur du soleil, sans aucune intervention de Zeus, n'était probablement pas moins déconcertante que ne l'est pour un catholique dévot d'aujourd'hui l'idée que l'âme ne soit rien d'autre que le résultat d'interactions entre atomes. Avec une différence toutefois : le catholique d'aujourd'hui s'oppose à un naturalisme vieux de vingt-six siècles, alors qu'Anaximandre, pour autant que nous le sachions, est le *premier* à proposer cette lecture naturaliste du monde. Dans les chapitres finaux, je reviendrai sur l'immense portée historique de cette proposition.

Le naturalisme cosmologique et biologique

La proposition naturaliste d'Anaximandre va bien au-delà des seuls phénomènes météorologiques. Pour en apprécier tous les ressorts, il est utile de confronter la description de l'origine du monde donnée par Hésiode, exposée au chapitre premier, avec celle d'Anaximandre, résumée au point (6) du chapitre précédent. Une confrontation rigoureuse de ces deux cosmogonies a été récemment menée par Graham [2006], et je me contenterai ici d'en résumer les conclusions. D'un côté, les intentions sont évidemment très similaires : décrire l'origine du monde, retracer « l'histoire du monde ». Cette similitude démontre la continuité du problème, et les racines culturelles des intérêts fondamentaux d'Anaximandre. Mais les directions dans lesquelles la solution est cherchée ne pourraient être plus radicalement opposées. Hésiode, ainsi que je l'ai souligné dans le premier chapitre, s'inscrit pleinement dans la tradition universelle, partagée par toutes les civilisations humaines, qui consiste à raconter une histoire du monde qui est une histoire des dieux. Anaximandre rompt soudainement et radicalement avec cette tradition. Dans son histoire du monde, il n'y a pratiquement pas trace du surnaturel. Les choses du monde sont expliquées par les choses du monde : le feu, le chaud, le froid, l'air, la terre. Les choses à expliquer sont les choses du monde : le Soleil, la Lune et les étoiles, la mer et la terre – et non l'autorité de Zeus.

Au lecteur distrait, l'histoire du monde d'Anaximandre pourrait facilement apparaître comme une version un peu vague de l'histoire du big bang que nous enseigne la cosmologie moderne.

Il est bien sûr essentiel de ne pas confondre cette similitude avec je ne sais quelle mystérieuse prescience d'Anaximandre. Il ne s'agit pas de cela. Ce qui est en jeu, c'est une proposition méthodologique précise : un système d'explication des choses du monde en termes des choses du monde. Cette proposition méthodologique, réellement révolutionnaire, deviendra plus tard l'épine dorsale de la science moderne. La ressemblance n'est ni fortuite ni mystérieuse. Nous sommes tout simplement en train de développer la proposition méthodologique d'Anaximandre [Graham 2006], qui s'est révélée particulièrement efficace.

***

Il y a un autre terrain sur lequel le naturalisme d'Anaximandre obtient un succès qui confine au prodige : ses réflexions sur l'origine de la vie et sur l'origine des êtres humains. Anaximandre situe l'origine de la vie *dans la mer*. Il parle explicitement d'*évolution* des espèces vivantes, qu'il met en relation avec l'évolution des conditions climatiques. Les premières espèces sont marines, puis avec l'assèchement de la terre, elles se sont *adaptées* à la terre ferme. Il se demande quels êtres vivants peuvent avoir engendré les premiers êtres humains. Nous sommes là face à une problématique qui ne reviendra au premier plan qu'aux siècles derniers, avec les grands résultats que nous savons. Avec toutes les limites évidentes de ce rapprochement, il reste que la lecture de ces réflexions dans un texte écrit au VIe siècle avant Jésus Christ laisse sans voix.

***

Même si les explications effectivement proposées par Anaximandre étaient toutes erronées, sa recherche d'explications naturelles aux phénomènes atmosphériques est d'importance capitale pour l'histoire de la science. C'est d'une certaine manière l'acte de naissance de l'investigation scientifique du monde.

Mais les explications proposées ne sont pas toutes erronées. Au contraire, la majorité d'entre elles sont étonnamment correctes. L'origine de l'eau de pluie est effectivement l'évaporation des eaux terrestres provoquée par la chaleur de soleil. Le vent est effectivement de l'air mis en mouvement par la chaleur du soleil. L'événement physique que révèle un tremblement de terre est effectivement une fracture de l'écorce terrestre. Et ainsi de suite.

Comment Anaximandre a-t-il pu comprendre tout cela ? Je l'ignore, et je ne veux pas me perdre en hypothèses. La clé est peut-être tout simplement son scepticisme à l'égard des explications traditionnelles. Un siècle après Anaximandre, Hécatée de Milet, qui développera la carte géographique d'Anaximandre et sera le premier historien grec, ouvre ses *Généalogies* avec un incipit fameux :

> *Hécatée de Milet parle ainsi : j'écris ce que je crois vrai; parce que les myriades d'histoires que racontent les Grecs sont contradictoires et me semblent ridicules.*

Peut-être qu'une fois formulée l'idée clé de chercher des explications naturalistes, et accepté ce sain scepticisme, un certain nombre d'explications raisonnables découlent assez directement de l'observation du monde.

Rappelons-nous avec quel émerveillement nous avons appris à l'école le « cycle de l'eau » : l'eau tombe avec la pluie, elle court dans les fleuves, se jette dans la mer, s'évapore avec la chaleur du soleil, est transportée par le vent, tombe avec la pluie… Voici un superbe exemple de la complexité, mais surtout de la *compréhensibilité* de notre si beau monde. Les manuels souvent ne le disent pas, mais celui qui a compris le cycle de l'eau est Anaximandre de Milet.

4
Flotte la Terre

C'est une croyance diffuse qu'au Moyen Âge l'Europe pensait que la Terre était plate. Selon cette légende, quand Christophe Colomb proposa de rejoindre la Chine en naviguant vers l'occident, il rencontra la résistance des doctes Espagnols qui déclarèrent le projet absurde, parce qu'ils croyaient que la Terre était plate.

Cette légende est complètement infondée. Dans la *Divine Comédie*, une somme du savoir médiéval écrite deux siècles *avant* Colomb, Dante décrit avec une grande puissance graphique une Terre évidemment *sphérique*. Personne, dans l'Europe médiévale, n'a pensé que la Terre était plate. Déjà Saint Augustin, par exemple, nie la possibilité de l'existence d'êtres humains aux antipodes pour des raisons qui ont à voir avec leurs relations avec Jésus Christ, sans douter un instant de la forme sphérique de la Terre. Saint Thomas parle clairement de la sphéricité de la Terre dans les premières lignes de la *Somme Théologique**. Il n'existe pour ainsi dire aucun texte médiéval qui parle de Terre plate†.

---

* « Ad secundum dicendum quod diversa ratio cognoscibilis diversitatem scientiarum inducit. Eandem enim conclusionem demonstrat astrologus et naturalis, putas quod **terra est rotunda**... » *Sancti Thomae de Aquino, Summa Theologiae, Prima pars, Quaestio 1, Prooermium, Articulus 1 ([28238] I^a q. 1 a. 1 ad 2);* les trois derniers mots ne devraient pas avoir besoin de traduction.

† Les exceptions sont rarissimes : Lactancius, au IVe siècle, Cosmas Indicopleustès, au VIe siècle, et peu d'autres. Il s'agit en général d'auteurs chrétiens qui, dans leur effort de rejeter absolument le savoir païen, ont tenté, sans succès, de former l'idée d'une Terre plate. Pour Cosmas, le monde doit avoir la forme d'un tabernacle.

L'objection des doctes de la cour d'Espagne à Colomb, bien que n'ayant rien à voir avec cette croyance, était tout sauf injustifiée. En 1400 les dimensions de la Terre sont précisément connues : avec une marge d'erreur de quelques pour-cent. Et ceci au moins depuis le troisième siècle après J.-C., quand elles furent mesurées selon une brillante et fameuse technique imaginée par Ératosthène, le directeur de la bibliothèque d'Alexandrie. La Terre est tout simplement trop grande pour être parcourue par voie maritime sans escale à l'époque de Colomb. Celui-ci chercha à convaincre la cour d'Espagne que la Terre était *plus petite* qu'elle ne l'est en vérité, de façon à rendre crédible son voyage vers la Chine par l'occident. Autrement dit, il avait tort. Mais les voies du destin sont sinueuses, et de l'erreur théorique de Colomb devait suivre ce qui allait suivre (notamment l'extermination par les Européens d'un cinquième de l'humanité en quelques décennies). Colomb est mort en croyant que la Terre était petite, et qu'il était arrivé en Asie.

Le monde grec était déjà largement convaincu de la sphéricité de la Terre au temps d'Aristote : les arguments qu'il avance en faveur de cette idée sont corrects et convaincants pour n'importe quelle personne de bon sens qui se donne la peine de les lire et d'y réfléchir. Si des doutes subsistaient, il suffirait de lire le premier chapitre de l'*Almageste* de Ptolémée pour trouver une version complète, limpide et définitive de l'argument. Et de fait, à partir de la génération suivant Aristote, plus personne en Occident n'a douté du fait que la Terre soit (grosso modo) une sphère.

Une génération *avant* Aristote, par contre, l'idée que la Terre est ronde était déjà diffuse, mais les choses n'étaient pas aussi claires. Platon, dans le *Phédon,* fait dire à Socrate qu'il *pense* que la Terre est une sphère, « sans être capable d'avancer des arguments convaincants ». Ce passage du *Phédon* est le plus ancien témoignage *direct* de l'acceptation de la sphéricité de la Terre dont nous disposons.

L'extrême clarté conceptuelle du Ve siècle grec sur cette question exquisément scientifique est impressionnante : Platon et Aristote savent distinguer avec une parfaite clarté la différence entre *croire* quelque chose et pouvoir *donner des arguments convaincants.* Je dirais qu'un étudiant moyen d'aujourd'hui, après des études secondaires, est probablement convaincu que la Terre est ronde, mais je doute qu'il soit en mesure d'apporter une preuve directe et convaincante de cette affirmation : son niveau scientifique, au moins sur ce point, est intermédiaire entre celui de la génération de Platon et de celle d'Aristote.

Une autre considération mérite d'être soulignée : le *Phédon* est l'un des textes les plus lus, commentés et discutés de l'histoire de la pensée. Mais l'on s'attarde en général sur l'immortalité de l'âme, sans même remarquer que le texte contient un pur joyau de l'histoire de la science : la première mention de la nouvelle forme que le monde est en train d'acquérir. Cette omission est un signe flagrant de l'abysse qui sépare aujourd'hui la culture humaniste de la culture scientifique, stupidement aveugles l'une à l'autre.

Platon parle donc de la sphéricité de la Terre comme d'une idée déjà assez banale. D'où vient cette idée ? On l'associe en général à l'école pythagoricienne, parfois à Pythagore lui-même. Pour Anaximandre, la Terre n'est pas sphérique. Il parle d'une forme plus ou moins cylindrique, comme un tambour, ou même un disque.

> *[Anaximandre dit que...] la Terre est un corps céleste, [...] de forme cylindrique, comme un bloc de colonne. Elle a deux faces, l'une étant la terre sous nos pieds, et l'autre opposée à celle-ci.*

Cette forme cylindrique, ou de disque, peut paraître étrange. Je crois qu'une explication plausible est la suivante. Thalès avait enseigné que l'eau est l'origine de toute chose, et avait imaginé un immense océan duquel tout naquit, et sur lequel la Terre elle-même flotte. L'intuition d'Anaximandre est que l'océan qui entoure la Terre n'est pas nécessaire : après avoir supprimé l'océan, ce qui reste est un disque qui flotte dans l'espace.

Ceci nous conduit à un aspect en général négligé, et pourtant d'importance fondamentale pour évaluer la contribution d'Anaximandre. Du point de vue scientifique et conceptuel, le pas crucial *n'est pas* de stabiliser la forme définitive de la Terre, cylindrique ou sphérique : c'est de comprendre que la Terre est un corps fini qui flotte dans l'espace. Je voudrais bien clarifier ce point, qui peut facilement échapper à qui n'a pas une expérience directe de la recherche scientifique.

La Terre, en réalité, n'est ni un cylindre, ni une sphère. Elle a la forme d'un ellipsoïde un peu aplati aux pôles. À vrai dire, ce n'est pas non plus un ellipsoïde, mais plutôt une espèce de poire, parce que le pôle sud est un peu *plus* aplati que le pôle nord. En fait, elle n'a pas tout à fait cette forme non plus : nous mesurons aujourd'hui de nouvelles irrégularités. Ces raffinements progressifs de notre connaissance de la forme précise de la Terre sont sans doute intéressants, mais en soi ils n'apportent rien d'*essentiel* à notre compréhension du monde. Le passage du cylindre d'Anaximandre à la sphère, puis à l'ellipsoïde, à la poire, et aujourd'hui à une forme irrégulière relève du raffinement de la connaissance quantitative de la forme de notre planète, et non de la révolution conceptuelle.

En revanche, comprendre que la Terre est un caillou qui flotte dans l'espace, qu'elle n'est posée sur rien, que sous la terre il y a le même ciel que nous voyons au-dessus de nous, *ceci* est un gigantesque saut conceptuel. Et ceci est la contribution d'Anaximandre.

Le modèle cosmologique d'Anaximandre, dans lequel la Terre est cylindrique, est souvent présenté par les auteurs contemporains comme grossier et peu digne d'intérêt*, alors que le modèle pythagorico-aristotélicien dans lequel la Terre est sphérique est décrit comme « scientifiquement correct ». Ces jugements sont scientifiquement incultes, pour deux raisons opposées. En premier lieu parce que, comme je l'ai dit, le pas de la Terre-plate à la Terre-corps-fini qui flotte dans l'espace est gigantesque, éminemment difficile. La preuve en est que les Chinois n'ont pas réussi à le franchir en vingt siècles d'Institut d'Astronomie Impérial, pas plus qu'aucune autre civilisation. En revanche le pas de

* Pas dans le bel article de Dirk Couprie dans l'*Encyclopedia of Philosophy*, sur Internet.

la Terre-cylindre à la Terre-sphère est facile. Il a suffi d'une génération pour le franchir. En second lieu parce que, comme je l'ai dit, le modèle sphérique n'est en aucun cas la « vraie » solution au problème de la forme de la Terre : c'est seulement un modèle un peu plus précis que le cylindre, et un peu moins que l'ellipsoïde. Le mérite de la révolution cosmologique revient sans aucun doute à Anaximandre.

***

Mais comment Anaximandre a-t-il réussi à comprendre que sous la Terre il y a encore du ciel ?

Clairement, les indices ne manquent pas. Le soleil se couche chaque soir à l'occident, et reparaît chaque matin à l'orient. Par où passe-t-il, pour réapparaître de l'autre côté ? Observons l'étoile polaire : par une belle nuit d'été nous voyons toutes les autres étoiles tourner lentement, majestueusement, alors qu'elle reste immobile, comme placée sur un axe. Les étoiles les plus proches de l'étoile polaire, par exemple les étoiles de la Petite Ourse, tournent autour d'elle, lentement : elles font un tour complet en 24 heures. Et nous les voyons toujours dans le ciel (quand nous ne sommes pas éblouis par la lumière du soleil). Les étoiles plus lointaines font, toujours en 24 heures, un voyage plus long, jusqu'aux étoiles qui vont jusqu'à effleurer l'horizon, au Nord.

On peut facilement les voir disparaître derrière une montagne, et réapparaître un peu plus tard à l'est (*figure 12*). Elles sont évidemment passées *derrière* la montagne. Et celles qui sont encore un peu plus éloignées de l'étoile polaire ? Celles-là aussi doivent disparaître *derrière* quelque chose avant de réapparaître. Il doit bien y avoir de l'espace, *là-bas,* pour qu'elles puissent passer. Et les étoiles qui sont sur l'équateur céleste, loin de l'étoile polaire, et qui suivent la même marche dans le ciel que le soleil ? N'est-il pas tentant d'imaginer qu'elles disparaissent *sous* la Terre ? Mais si elles passent sous la Terre, c'est qu'il doit y avoir de l'espace vide sous la Terre !

Notez combien la structure de cette découverte est similaire à celle selon laquelle l'eau de pluie provient de l'évaporation des

Figure 12

Une photo du ciel nocturne, à exposition longue, montre le mouvement des étoiles dans le ciel au cours de la nuit, autour de l'étoile polaire. Il est plus ou moins clair que sous l'horizon doit se trouver un espace vide, où les étoiles peuvent compléter leur voyage quotidien.

mers. Dans un cas, de l'eau abandonnée dans une bassine au soleil disparaît, et de l'eau apparaît qui tombe du ciel; l'intelligence connecte la disparition et l'apparition et identifie l'eau de pluie avec l'eau évaporée. Dans l'autre cas, le soleil disparaît à l'occident et apparaît à l'orient; l'intelligence connecte la disparition et l'apparition, et cherche la route qui les relie : l'espace vide sous la Terre. Rien d'autre que la combinaison de la curiosité avec la lucidité de l'intelligence…

En effet, pour comprendre qu'il n'y a rien sous la Terre, Anaximandre n'a fait qu'utiliser l'intuition simple qui nous fait dire que si nous voyons un homme disparaître derrière une maison et réapparaître de l'autre côté, il doit bien y avoir un passage derrière la maison. Facile.

Mais si c'était si facile, pourquoi des générations et des générations d'hommes n'y avaient pas pensé plus tôt ? Pourquoi d'innombrables civilisations ont-elles continué à penser que sous la Terre il n'y a rien que de la terre ? Pourquoi les Chinois, malgré la splendeur de leur civilisation millénaire, ne l'avaient pas encore compris quand sont arrivés les Jésuites au XVIIe siècle ? En somme, le reste du monde est-il peuplé de crétins ? Bien sûr que non. Alors, où est la difficulté ?

La difficulté est que l'idée que la Terre flotte dans l'espace contredit violemment l'image que nous avons du monde. C'est une idée absurde, ridicule et incompréhensible. La difficulté principale est d'accepter que le monde *puisse* ne pas être comme nous croyions qu'il était. Que les choses puissent ne pas être comme elles apparaissent. La vraie difficulté est d'abandonner une image du monde qui nous est familière.

Pour franchir ce pas, il faut une civilisation dans laquelle les hommes sont prêts à mettre en doute ce que tout le monde croit vrai.

La seconde difficulté est de construire une alternative cohérente et crédible à l'ancienne image du monde. Le fait que la Terre vole contredit cette règle que nous savons vraie : les choses tombent. Si rien ne retenait la Terre, la Terre tomberait. *Si la Terre n'est posée sur rien, alors pourquoi ne tombe-t-elle pas ?*

La difficulté n'est pas de déduire de l'observation du mouvement des étoiles, ou même d'imaginer, que sous la Terre puisse se trouver du vide. La suggestion est probablement apparue dans l'histoire de l'astronomie chinoise, et peut-être ailleurs. Mais en science la difficulté n'est pas d'avoir des idées : c'est de les faire fonctionner. De trouver une façon de les intégrer, de les articuler avec le reste de notre savoir sur le monde, et de convaincre les autres que toute l'opération est raisonnable. La difficulté est d'avoir le courage et l'intelligence de concevoir et d'articuler une *nouvelle image du monde, complète et cohérente**. De concilier l'idée d'une Terre suspendue dans le ciel, qui rend facilement compte

* Comme beaucoup de scientifiques, j'ai chez moi des caisses pleines de lettres et de cartes postales de gens qui m'écrivent de nouvelles idées scientifiques, originales ou audacieuses. Elles ne servent à rien. Souvent les idées apparaissent et réapparaissent de nombreuses fois; mais une idée seule est inutile. Aristarque a considéré la possibilité ➢

du mouvement diurne des étoiles, avec l'évident fait d'expérience que les choses tombent.

C'est ici que réside le génie d'Anaximandre, qui affronte immédiatement la question *pourquoi la Terre ne tombe-t-elle pas ?* Sa réponse est rapportée par Aristote dans le *Traité du Ciel*, et c'est à mon sens l'un des plus beaux moments de la pensée scientifique de tous les temps : la Terre ne tombe pas parce qu'elle n'a aucune direction particulière vers laquelle tomber. Aristote dit [*Traité du Ciel* 295, 11] :

> *Certains parmi les anciens, par exemple Anaximandre, disent que la Terre conserve sa position par indifférence. Parce qu'une chose qui se trouve au centre, pour laquelle toutes les directions sont équivalentes, n'a aucune raison de se mouvoir vers le haut, ou vers le bas, ou latéralement; et comme elle ne peut se mouvoir dans toutes les directions à la fois, elle doit nécessairement rester immobile. Cette idée est ingénieuse…*

L'argument est extraordinaire, et parfaitement correct. Quel est exactement cet argument ? Il consiste à renverser la question « pourquoi la Terre ne tombe-t-elle pas ? », en demandant « pourquoi devrait-elle tomber ? ». L'idée devient encore plus claire chez Hippolyte, dans l'extrait suivant (la traduction est controversée) :

> *… la Terre reste suspendue, elle n'est dominée par rien, et reste à sa position parce qu'elle est à égale distance de tous les points.*

Les corps pesants de notre expérience quotidienne tombent, parce qu'ils ont à côté d'eux un corps immense, la Terre, qui les « domine » et surtout qui détermine une direction particulière,

➢ que la Terre tourne sur elle-même et autour du soleil au IIIe siècle av. J.-C. L'idée est juste, à la lumière de la révolution copernicienne, mais le mérite de cette révolution revient à Copernic, et non à Aristarque, parce que c'est Copernic qui a commencé à montrer comment cette idée peut fonctionner, comment on peut l'intégrer dans le corpus de notre savoir. C'est Copernic qui a initié le processus qui a finalement convaincu le monde. Avoir des idées est facile. Ce qui est difficile, c'est de reconnaître les bonnes idées, et trouver les arguments pour montrer qu'elles sont « meilleures » que les idées courantes. Qui sait combien d'êtres humains avaient déjà imaginé que le soleil passât sous la Terre ? Mais pour autant, ils n'ont pas réussi à changer l'image du monde.

différente de toutes les autres : la direction de la Terre. La Terre, au contraire, n'a pas de direction particulière vers laquelle tomber.

Les choses ne tombent donc pas vers un bas absolu, déterminé par une unique direction qui est la même partout dans l'univers : les choses tombent vers la Terre. La signification de « haut » et « bas » devient complexe, ambiguë. Comme absolus, ils n'existent plus; et pourtant nous pouvons continuer à dire que les choses tombent « vers le bas », en référence à la direction qui pointe vers la Terre, comme l'illustre la *figure 13**. Un texte du corpus hippocratique dont la datation est difficile, mais probablement marqué par les influences milésiennes, est explicite à cet égard† :

> *Pour ceux qui ont les pieds en dessous (aux antipodes), les choses en haut sont en bas, alors que les choses en bas sont en haut [...], et c'est ainsi tout autour de la Terre.*

Les concepts fondamentaux de *haut* et de *bas,* définis par la direction vers laquelle tombent les corps pesants, structurent notre expérience du monde; ils sont à la base de notre organisation

* Essayons d'être plus précis sur l'interprétation de l'argument, qui est controversée. Dans notre expérience les corps pesants tombent. La Terre est un corps pesant : pourquoi ne tombe-t-elle pas ? Anaximandre répond : parce que pour elle toutes les directions sont équivalentes. Ceci implique qu'Anaximandre suppose que toutes les directions *ne sont pas* équivalentes pour les objets que nous voyons tomber. Il existe donc pour eux une direction particulière. Quelle peut être la « direction particulière » qui existe *pour les objets que nous voyons tomber, mais pas pour la Terre* ? Cela ne peut être un « bas » absolu comme sur le schéma de gauche de la *figure 13,* parce que s'il existait dans l'univers un tel « bas » déterminant la direction de chute, celui-ci vaudrait aussi pour la Terre elle-même, et l'argument n'aurait aucun sens. Il n'y a qu'une possibilité : la direction particulière ne peut être que « vers la Terre », comme dans la *figure 13, à droite.* Les objets de notre quotidien ont une direction particulière vers laquelle tomber : vers la Terre. Notez que ceci n'implique *pas* qu'Anaximandre suggérait que la Terre soit la *cause* de la chute (comme Newton), ni que la Terre soit au centre *à cause* de la structure radiale de la direction naturelle de chute des corps pesants (comme pour Aristote). Si nous acceptons en outre la traduction proposée du texte d'Hippolyte, alors l'argument devient encore plus clair. La Terre n'est dominée par rien. Ce qui implique que les choses qui tombent sont dominées par quelque chose. Par quoi ? Il doit exister quelque chose qui *domine toutes les choses que nous voyons tomber, mais pas la Terre.* Une seule réponse raisonnable : c'est la Terre elle-même. Ainsi les choses dominées par la Terre tombent, alors que la Terre elle-même n'est dominée par rien.

† Voir [Kahn 1960], pp. 84-85.

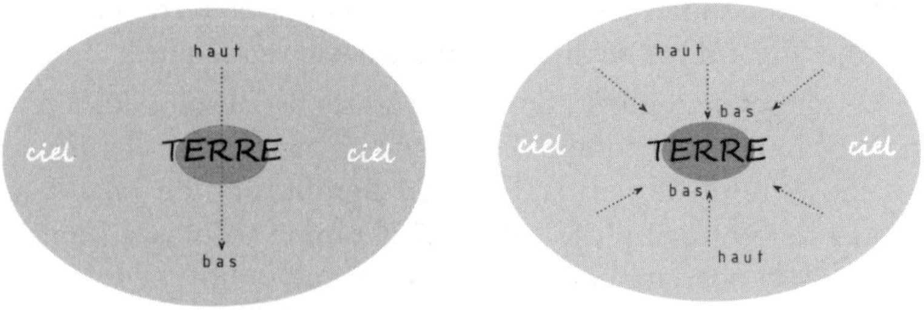

Figure 13

L'intuition fondamentale d'Anaximandre : l'univers n'est pas comme sur la figure de gauche : il n'existe pas de direction privilégiée (ici baptisée « haut-bas ») qui détermine comment les choses tombent. Il est au contraire comme sur la figure de droite : la chute d'un objet est déterminée par la présence de quelque chose qui le « domine » (la Terre), privilégiant une direction particulière (vers la Terre).

mentale de l'univers physique. Dans le nouveau monde proposé par Anaximandre, ils sont profondément modifiés. Pour accomplir sa révolution, Anaximandre doit comprendre que les notions de *haut* et *bas* sont celles de notre expérience quotidienne. Elles ne constituent pas une structure absolue et universelle de la réalité. Elles ne sont pas l'organisation *a priori* de l'espace. Elles sont relatives à la présence de la Terre. Ici, à la surface de la Terre, les choses tombent vers le bas parce que, à la différence du cas de la Terre elle-même, il existe une direction particulière vers laquelle tomber : vers la Terre.

C'est donc la Terre qui détermine le haut et le bas. C'est la Terre qui détermine la direction de la chute. Autrement dit, haut et bas ne sont pas absolus, mais relatifs à la Terre*.

---

* On a soutenu qu'Anaximandre ne peut avoir compris le fait que haut et bas sont relatifs à la Terre, parce que c'est une notion purement aristotélicienne. Si tel était le cas, alors les explications d'Anaximandre sur la centralité de la Terre deviennent absurdes. Un autre problème est d'ordre terminologique, et sur celui-là je n'ai aucune compétence, ni d'ailleurs d'intérêt particulier : je ne dis pas qu'Anaximandre ait pu concevoir un langage analogue à celui que j'utilise pour décrire sa contribution. Mais aujourd'hui nous ne parlons *pas* des contributions de Newton dans le vocabulaire de Newton. L'intérêt *scientifique* d'une idée ne réside pas dans la forme dans laquelle elle est formulée. Contrairement à ce qui est souvent affirmé, les résultats scientifiques sont *traduisibles*. Je discute ce point explicitement au chapitre 9.

La révolution d'Anaximandre a beaucoup en commun avec les autres grandes révolutions de la pensée scientifique. Il s'agit d'un pas similaire à celui franchi par Copernic et Galilée. La Terre bouge ? Comment peut-elle bouger, si elle apparaît à l'évidence au repos ? Non, comprend Galilée, achevant la révolution copernicienne : mouvement et repos absolus n'existent pas. Les choses posées sur la Terre sont immobiles les unes par rapport aux autres, mais cela ne signifie pas qu'elles ne peuvent pas être, ensemble, en mouvement dans le système solaire. La notion de « repos » ou de « mouvement » est beaucoup plus complexe et articulée que celle de notre expérience quotidienne. Et de même Einstein, avec la relativité restreinte, découvre que la simultanéité, c'est-à-dire la notion de « maintenant », n'est pas absolue, mais relative à l'état de mouvement de l'observateur.

La difficulté à comprendre la complexité de la simultanéité dans la théorie d'Einstein est tout à fait analogue, et quasiment parallèle, à la difficulté de comprendre la complexité des notions de haut et bas dans la cosmologie d'Anaximandre. Si aujourd'hui la relativité des notions de haut et bas nous apparaît (assez) facile à comprendre, alors que la relativité de la simultanéité reste mystérieuse à celui qui ne s'occupe pas professionnellement de physique, c'est pour une seule raison : la révolution d'Anaximandre a été digérée par vingt-six siècles, pas celle d'Einstein. Mais il s'agit exactement du même parcours conceptuel.

L'autre différence, plus secondaire, réside dans le degré d'élaboration des deux théories. Celle d'Einstein s'appuie sur des observations déjà hautement codifiées dans les théories de Maxwell et dans la mécanique de Galilée et de Newton, alors que celle d'Anaximandre repose entièrement sur des observations directes comme le lever et le coucher des étoiles.

La grandeur d'Anaximandre tient à ceci qu'à partir de si peu, et pour mieux rendre compte des observations, il *redessine l'Univers*. Il change la *grammaire* de la compréhension de l'univers. Il change la structure de l'espace lui-même. Pendant des siècles et des siècles l'espace fut compris par les hommes comme intrinsèquement structuré par une direction privilégiée vers laquelle les choses tombent. Non, dit Anaximandre, *le monde n'est pas comme il nous apparaît.* Le monde est *différent* de comme il nous apparaît. Notre point de vue sur le monde est limité par la faiblesse de notre expérience. L'observation et la raison nous font réaliser que nous avons des préjugés erronés sur le fonctionnement du monde.

Nous sommes là face à un tour de force conceptuel vertigineux. Et absolument correct. Une fois formulée de façon cohérente une conception du monde selon laquelle les choses ne tombent pas vers un bas absolu, mais vers la Terre, il n'y a plus aucune raison de croire que la Terre devrait tomber. Le point focal de l'argumentation d'Anaximandre, manifeste dans les textes qui sont parvenus jusqu'à nous, est que l'expectative selon laquelle la Terre devrait tomber est basée sur une extrapolation illégitime*.

La raison, bien exploitée, et appuyée sur l'observation, nous libère d'une illusion; elle nous libère d'un point de vue partiel et limité, et restructure notre compréhension du monde selon une forme nouvelle. Cette forme est plus efficace. Plus efficace, mais perfectible : il faudra encore apprendre que la Terre n'est pas un tambour, mais une sphère; puis qu'elle n'est pas non plus une sphère; puis qu'elle n'est pas immobile, mais qu'elle bouge; puis que la Terre attire les corps, et qu'à vrai dire tous les corps s'attirent; puis que cette attraction est la manifestation de la courbure de l'espace-temps; etc. Chaque pas prendra des siècles; mais le processus est lancé. Il a été mis en marche par un premier pas gigantesque, qui a bouleversé une image du monde commune

* Cet argument, exquisément scientifique, est ardu pour les philosophes et les historiens. On lit par exemple qu'« il faut attendre Newton pour avoir la réponse correcte à la question : pourquoi la Terre ne tombe-t-elle pas ? » C'est une stupidité : dans quel sens la réponse de Newton serait-elle correcte ? Parce que c'est celle que nous avons apprise à l'école, vu que Kepler est passé de mode et qu'Einstein n'est pas encore inscrit dans les programmes ? Prétendre que le problème de la chute de la Terre a été finalement résolu par Newton, plutôt que par Anaximandre, Aristote ou Einstein, est un grave non-sens.

à toutes les civilisations pour produire celle d'un monde sphérique, entouré par le ciel, qui est le signe distinctif de la civilisation grecque, et de toutes celles, comme la nôtre, qui ont reçu son héritage.

Dirk Couprie [2003] a souligné une autre nouveauté radicale de la cosmologie d'Anaximandre. La voûte céleste était jusqu'alors perçue comme la *frontière* supérieure du monde. Le Soleil, la Lune et les étoiles étaient vus par l'humanité comme des entités qui se déplacent sur une même voûte céleste, le plafond de notre monde, à égale distance de nous. Anaximandre, en regardant le ciel, pour la première fois n'y voit pas le plafond d'une coupole, mais imagine la possibilité que les corps célestes puissent être situés à des distances très différentes. Il voit la *profondeur* du ciel. Les nombres qu'il propose comme rayons des roues soutenant les étoiles, la Lune et le Soleil, n'importent pas tant pour les valeurs spécifiques qu'il leur donne, que pour l'idée que ces nombres puissent avoir un sens. On passe d'un monde semblable à l'intérieur d'une boîte à un monde immergé dans un *espace* externe ouvert. Comme dit Couprie, Anaximandre, dans un certain sens, invente l'espace ouvert du cosmos*. C'est évidemment une nouveauté conceptuelle de portée immense.

Dans l'histoire de la science, l'unique autre exemple de révolution conceptuelle de portée comparable à celle d'Anaximandre est peut-être la grande révolution copernicienne†. Comme Anaximandre, Copernic redessine en profondeur la carte du cosmos. Il déplace cette Terre qui vole du centre du monde sur une orbite

* Dirk Couprie m'a demandé si, comme physicien, j'étais en mesure de comprendre la logique qui a pu conduire Anaximandre à penser que le Soleil, la Lune et les étoiles sont à différentes distances. La seule réponse que j'ai trouvée est que s'ils étaient à la même distance, les roues qui supportent les divers objets célestes (nécessaire au rationalisme d'Anaximandre, puisque sans elles les astres devraient tomber) devraient se croiser, se traverser, ce qui n'a aucun sens. Mais cela ne me convainc pas non plus.

† Avant Copernic, le mot « révolution » ne signifie que le mouvement circulaire, en particulier celui des planètes dans le ciel. Le titre du livre de Copernic est *De Revolutionibus Orbium Celestium*, c'est-à-dire « Sur les *révolutions* des corps célestes ». Le livre a provoqué un tel bouleversement de l'image du monde que son titre, « révolution », est devenu synonyme de « bouleversement majeur ».

autour du soleil. Comme celle d'Anaximandre, la révolution de Copernic ouvre la voie à un immense développement scientifique, qui le suit après quelques siècles.

Il y a d'autres points communs. Copernic, qui a étudié en Italie, se nourrit de la vibrante et bouillante richesse culturelle de la première renaissance italienne, dans une région politiquement fragmentée, tirant ses ressources du commerce, ouverte sur le monde. Anaximandre se nourrit du nouveau climat culturel de la jeune civilisation grecque, qui rappelle la renaissance à plus d'un égard.

Mais il y a également de profondes différences. Copernic s'appuie sur l'immense travail conceptuel et technique fait avant lui par les astronomes alexandrins et arabes. Anaximandre s'appuie sur les premières questions, les premières hypothèses de Thalès, son concitoyen et son maître, et sur ses yeux par lesquels il observe le ciel. Rien d'autre. Sur cette base si étroite, il construit ce qu'il me semble inévitable de qualifier de première et plus importante révolution scientifique de tous les temps : la découverte que la Terre vole dans un espace ouvert.

Je ferme ce chapitre avec les mots de Charles Kahn [1960] :

> *Même si nous ne savions rien d'autre de cet auteur, la théorie d'Anaximandre sur la position de la Terre serait à elle seule suffisante pour lui garantir une position parmi les créateurs de la science rationnelle du monde naturel*

et avec ceux du grand philosophe des sciences autrichien Karl Popper [1998] :

> *Selon moi cette idée d'Anaximandre [que la Terre est suspendue dans l'espace] est l'une des idées les plus audacieuses, les plus révolutionnaires, les plus prodigieuses de toute l'histoire de la pensée humaine.*

5
Entités invisibles et lois naturelles

1. Y a-t-il dans la nature quelque chose que nous ne voyons pas ?

Dans les manuels de philosophie, on apprend que la première école philosophique de l'histoire est l'école ionienne, celle de Thalès, Anaximandre et Anaximène. Ces philosophes, nous dit-on, cherchaient le « principe unique » de toute chose : *l'eau* de Thalès, l'*apeiron* d'Anaximandre et l'*air* d'Anaximène. Avec une telle présentation, on ne comprend rien, et l'on en vient à se demander comment trois idioties ont pu donner naissance à la philosophie. Essayons d'ajouter un peu de chair à cette introduction laconique à la pensée ionienne, et de comprendre un peu mieux ce que ces trois penseurs originels nous disent sur ce « principe unique », en tout cas d'un point de vue scientifique.

Thalès : l'eau

De Thalès, nous savons peu de chose. On retient qu'il voyagea beaucoup et qu'il joua un rôle dans la vie politique de Milet, comme Anaximandre après lui. On lui attribue d'importants théorèmes de géométrie élémentaire, et surtout la *démonstration* de ces théorèmes. Sa contribution conceptuelle considérée comme essentielle est d'avoir imposé le problème de la recherche de l'ἀρχή, le *principe* agissant derrière les phénomènes naturels. Les discussions sur le sens exact du mot ἀρχή, pour les philosophes de l'école de Milet, vont bon train. Là encore, ce n'est pas mon intention d'entrer dans ce débat, sur lequel je ne suis pas compétent ; je veux seulement proposer quelques réflexions sur la portée de cette question à l'égard du développement *scientifique* ultérieur.

De ce point de vue, il me semble plus pertinent de chercher la signification de l'expression dans son usage que dans son étymologie. En soi, « principe » ne veut pas dire grand-chose d'intéressant. La signification de ἀρχή ne s'éclaircit pas à la lumière de la position métaphysique de Thalès, mais plus simplement par l'observation de ce qu'il *fait* de ce concept.

Et ce qu'il en fait est extrêmement simple : il cherche à structurer l'immense variété des phénomènes naturels que nous observons par une explication unitaire, intrinsèque à la nature elle-même. Il cherche à comprendre en termes simples le fonctionnement de la nature. Présenté ainsi, le programme de Thalès n'est rien d'autre que le programme de la science. Que l'explication spécifique considérée par Thalès (« tout est eau ») soit grossière et ingénue ne reflète que les difficultés initiales de ce programme, et le caractère extrêmement rudimentaire de la première tentative de le réaliser.

Thalès a peut-être tiré l'idée de l'importance fondamentale de l'eau et de l'océan de la mythologie. Comme je l'ai déjà dit, il imagine la Terre comme un disque flottant sur un océan. Cette image est probablement d'origine mésopotamienne, peut-être en relation avec l'idée diffuse dans le monde antique que, quelle que soit la direction où l'on se dirige, on finit toujours par arriver à la mer (le « fleuve Océan » qui entoure toutes les terres immergées). Dans l'*Enuma Elish*, citée au chapitre deux, l'univers prend naissance dans le chaos liquide des eaux du dieu Apsu.

Voici le début de la Genèse, tiré de la traduction littérale de Speiser [1964] :

> *Quand Dieu s'apprêta à créer le ciel et la terre, le monde était une étendue informe, les mers étaient couvertes par l'obscurité, un vent*

terrible balayait les eaux. Dieu dit « Que la lumière soit », et la lumière fut.

Dans l'*Iliade* aussi, le père des dieux est Océan. L'idée pourrait même être beaucoup plus ancienne, antérieure à la séparation de l'humanité entre les groupes indo-européen et américain, si nous considérons le premier vers du mythe de la création des Navajos américains [Witherspoon 1977] :

L'Un est appelé « Eau Partout ».

Thalès pourrait donc avoir tiré l'idée que tout dérive de l'eau de la mythologie, ou de ses voyages à Babylone. Mais son interprétation du rôle de l'eau n'est en rien mystique ou religieuse. L'eau de Thalès est l'eau commune. Ses premières tentatives d'explication, pour naïves qu'elles soient, donnent déjà une idée de l'efficacité de cette méthodologie naturaliste naissante, et de la distance prise avec la mythologie. On lui attribue par exemple l'idée que les tremblements de terre sont dus aux mouvements de la Terre qui, flottant sur les eaux, est agitée par les flots.

Tout ceci est très ingénu, et plein de problèmes théoriques (comment se fait-il que la Terre flotte ?), mais on y trouve déjà le germe des superbes explications naturalistes d'Anaximandre.

Anaximène : comprimer et raréfier

La contribution d'Anaximène, qui remplace l'eau de Thalès (et l'apeiron d'Anaximandre, dont je parle plus bas) par l'air, ne consiste pas tant dans le choix de l'élément *air,* mais dans la tentative, réussie, d'affronter une difficulté évidente de la doctrine de Thalès et Anaximandre. Si tout est fait d'eau ou d'apeiron, comment l'eau ou l'apeiron peuvent-ils présenter des formes et des consistances si diverses ? Comment une substance primitive peut-elle avoir des caractéristiques différentes ? Le problème est souligné (plus tard) par Aristote qui, utilisant le langage caractéristique de la physique grecque, se demande comment la *même* substance peut se montrer tantôt *légère,* tantôt *pesante.*

La tentative de réponse donnée par Anaximandre nous est rapportée par Simplicius, et elle n'a vraiment rien d'extraordinaire :

> *Selon lui [Anaximandre], la naissance des choses n'advient pas par altération du principe élémentaire, mais elle advient par la séparation des contraires, selon le mouvement éternel.*

Les contraires, pour Simplicius, sont le chaud et le froid, le sec et l'humide, etc. Pour sûr, cette réponse n'est pas très convaincante.

Anaximène cherche un mécanisme plus raisonnable pour rendre compte de la multiplicité des apparences d'une substance unique. Avec une sagacité remarquable, il identifie ce mécanisme dans la *compression* et la *raréfaction.* Il fait l'hypothèse que l'eau est engendrée par la compression de l'air, qu'on peut réobtenir par raréfaction de l'eau; la terre est engendrée par compression ultérieure de l'eau, et ainsi de suite. C'est un pas en avant, vers une description plus raisonnable de la structure du monde.

À l'idée d'Anaximène de compression et de raréfaction, les philosophes ioniens ajouteront plus tard celle d'un petit nombre de substances primaires dont la *combinaison* engendre la variété des formes de la matière. Les atomistes, Leucippe et Démocrite, rendront beaucoup plus concrète et compréhensible cette idée de compression et raréfaction en introduisant la notion d'atomes élémentaires qui se déplacent dans le vide.

Nous savons aujourd'hui que pratiquement toute la matière qui nous entoure est formée de trois composants : électrons, protons et neutrons. La variété de la matière est exactement déterminée par les diverses *combinaisons* et la plus ou moins grande *raréfaction* ou *compression* de ces trois éléments.

Encore une fois, interpréter cette similitude entre science grecque et science moderne comme une mystérieuse prescience des penseurs grecs serait idiot. Le fait est que pour comprendre le monde, quelques schémas généraux élaborés aux premiers siècles de la civilisation grecque se sont révélés efficaces – tout simplement.

Anaximandre : l'apeiron

Retournons à Anaximandre, qui est d'une génération l'aîné d'Anaximène. Qu'est-ce donc que l'apeiron, cette substance dont, selon Anaximandre, le monde serait fait ?

Cette question a été amplement discutée, et les opinions oscillent entre deux extrêmes correspondant aux deux sens du mot grec « apeiron » : sans limite ou « infini », et sans détermination ou « indistinct ».

Encore une fois, je ne veux pas entrer dans les détails de cette discussion, parce que du point de vue que j'ai choisi, celui de la science, la question n'a pas d'intérêt. C'est comme demander si quand Johnstone Stoney introduisit l'*électron*, en 1894, il utilisait le mot dans le sens de « grain d'électricité » ou bien de « nouvelle particule ». Ce qu'il voulait dire n'a aucune importance : ce qui compte, c'est l'introduction d'une nouvelle notion, le rôle de cette notion dans le schéma théorique élaboré par Johnstone Stoney et ses successeurs, et son efficacité à décrire le monde. Si Stoney avait choisi d'appeler « Pippo » plutôt qu'électron cette nouvelle entité (peut-être en pensant à son chien Pippo, très petit et très électrique), l'histoire aurait été la même*. De la même façon, si Anaximandre avait appelé son principe « Pippo », plutôt que « infini » ou « indéterminé », le sens de sa proposition théorique n'aurait pas changé le moins du monde.

Quel est donc le sens de la proposition théorique qu'Anaximandre baptise apeiron ? Le caractère essentiel de l'apeiron est de ne *pas* être une des substances de notre expérience quotidienne. Simplicius nous dit que :

> *Anaximandre a dit que le principe des êtres est l'apeiron*

et commente :

> *... le principe et élément des êtres est l'apeiron, ayant le premier [Anaximandre] introduit ce nom de « principe ». Et il affirme*

* Et de fait, dans la physique contemporaine, les cousins les plus proches des électrons s'appellent « quarks », un terme introduit par Murray Gell-Mann, et qui en soi ne veut strictement rien dire.

que le principe n'est ni l'eau ni aucun autre des soi-disant éléments, mais une autre nature infinie, d'où proviennent tous les ciels et tous les mondes qui existent [...] et l'a exprimé avec des mots plutôt poétiques. Il est clair qu'ayant observé la transformation réciproque des quatre éléments [eau, air, terre, feu], il croit raisonnable de n'en poser aucun comme principe, mais quelque chose d'autre.

Anaximandre propose donc que *toutes* les substances de notre expérience commune puissent être comprises en termes de quelque chose d'autre; quelque chose d'à la fois naturel et étranger à notre expérience quotidienne. L'intuition centrale, ici, est que pour expliquer la complexité du monde, il est utile de postuler, d'imaginer, l'existence de quelque chose d'autre, qui n'est aucune des substances de notre expérience directe, mais qui peut *faire fonction* d'élément unificateur pour toutes celles-ci.

Ainsi, d'un côté, la spéculation milésienne libère la nature de son interprétation traditionnelle, comme manifestation d'une réalité extra-naturelle divine. On peut dire que la notion même de « nature » comme objet de savoir est la création fondamentale de l'école de Milet : le terme Φύσις qui la désigne dans ce sens, est sans doute d'origine milésienne. Mais d'un autre côté, l'idée d'investigation de la nature suppose que la nature ne se dévoile pas entièrement à un regard direct. Au contraire, il est nécessaire d'en sonder les origines et la structure : la vérité est accessible, elle fait partie intégrante de la nature, mais elle est cachée. Les instruments pour y accéder sont l'observation et la pensée. À cette fin, cette dernière est prête à imaginer l'existence de nouvelles entités naturelles, même non directement perceptibles.

C'est précisément la voie qu'a suivie la science théorique des siècles suivants. Les atomes, ceux de Leucippe et Démocrite ou ceux de John Dalton, au XIXe siècle, sont des descendants directs de l'apeiron d'Anaximandre.

Un autre exemple nous est fourni par la grande contribution de Michael Faraday à la science moderne. Au milieu du XIXe siècle, la connaissance des forces électriques et magnétiques est assez développée, mais une compréhension unitaire de ces phénomènes fait toujours défaut. Au terme d'une investigation expérimentale détaillée, Michael Faraday conçoit l'idée qu'il existe une nouvelle entité, le « champ électrique et magnétique ».

Le champ est quelque chose qui remplit l'espace comme une gigantesque toile d'araignée, qui s'étend partout, et tissée de lignes imperceptibles – aujourd'hui baptisées « lignes de Faraday ». Les composantes électriques et magnétiques du champ s'influencent mutuellement, et « supportent » les forces électriques et magnétiques. Dans une page extraordinaire de son livre sublime, Faraday se demande si ces champs qui remplissent l'espace physique sont « réels ». Après une hésitation, il propose de les considérer comme tels. Avec cette page, le monde de Newton, fait de particules s'attirant dans un espace vide, est bouleversé; dans le monde une nouvelle entité a fait son apparition : le champ.

Quelques années plus tard, James Clerk Maxwell saura transformer l'intuition de Faraday en un solide système d'équations décrivant ce champ; il comprendra que la lumière n'est autre qu'une ride se propageant très rapidement sur cette toile d'araignée; puis que certaines de ces rides, de plus grande longueur d'onde, transportent des signaux. Hertz les produira en laboratoire, puis Marconi construira la première radio. Toutes les télécommunications modernes reposent sur cette redéfinition du monde, dont l'ingrédient essentiel est l'invisible champ.

Les atomes, les champs électriques et magnétiques de Faraday et Maxwell, l'espace-temps courbe d'Einstein, le phlogistique de la thermique, l'éther d'Aristote ou celui de Lorentz, les quarks de Gell-Mann, les particules virtuelles de Feynman, la fonction d'onde de la mécanique quantique de Schrödinger et les champs quantiques à la base de la description du monde de la physique contemporaine, sont tous des « entités théoriques » qui ne sont pas directement perceptibles par les sens, mais qui sont postulées par la science pour rendre compte de façon unitaire et organique de la complexité des phénomènes. Ils ont exactement le rôle, la fonction qu'Anaximandre assigne à l'apeiron*.

La théorie de l'apeiron est très rudimentaire, et ne peut certes pas être comparée avec la théorie mathématiquement très détaillée que Maxwell développe pour le champ électromagnétique, ou celle de Feynman pour la théorie quantique des champs. Mais quand notre téléviseur fonctionne mal et que le technicien nous explique que les ondes électromagnétiques n'arrivent pas bien à cause d'une colline, il utilise les ondes électromagnétiques comme entités théoriques pour rendre compte des phénomènes : il utilise une structure conceptuelle qui a une origine historique précise – l'apeiron d'Anaximandre.

À un certain point de l'histoire de l'humanité quelqu'un a donc introduit l'idée qu'il est raisonnable de *postuler* l'existence d'une nouvelle entité naturelle, même si nous ne la voyons pas, pour rendre compte des phénomènes. Ce quelqu'un est Anaximandre. Depuis lors, nous n'avons cessé d'en faire autant.

2. L'idée de loi naturelle : Anaximandre, Pythagore et Platon

Je répète ici le seul texte qui nous reste d'Anaximandre, tel que rapporté par Simplicius :

Toutes choses ont racines l'une dans l'autre
et périssent l'une dans l'autre,
selon la nécessité.

Elles se rendent justice l'une à l'autre,
et se récompensent pour l'injustice
conformément à l'ordre du temps.

Une idée explicite dans ces quelques lignes est que le devenir continuel du monde n'est pas gouverné par le hasard, mais par la nécessité. C'est-à-dire par certaines formes de *lois.* Une seconde

* Une suggestion similaire, sur l'interprétation de l'apeiron comme première « entité théorique », est faite par Marc Cohen [2006].

idée est que la façon dont s'expriment ces lois est « conforme à l'ordre du temps ». Ce qui implique qu'il existe un ordre dans le temps, qui stabilise le devenir des phénomènes dans le temps.

La forme de ces lois n'est pas précisée – sinon par cette obscure allusion à la loi morale, la justice. Aucune de ces lois, pour autant que nous sachions, n'est énoncée explicitement par Anaximandre.

C'est à la génération suivante qu'une autre grande figure de l'histoire des sciences comprend la forme de ces lois, c'est-à-dire le langage dans lequel elles doivent être écrites : Pythagore. La proposition de Pythagore, originale du point de vue de l'école de Milet, est que la langue dans laquelle sont écrites les lois de la nature est la langue *mathématique*. Avec cette proposition, Pythagore ajoute un ingrédient majeur au programme d'Anaximandre, en donnant une forme précise à l'idée de loi, encore très vague chez Anaximandre.

Selon la tradition, Pythagore naît à Samos, près de Milet, en 569, et a donc 24 ans quand meurt Anaximandre, en 545. Jamblique de Chalcis, philosophe néoplatonicien du IIIe siècle après J.-C., écrit dans sa *Vie de Pythagore* [Jamblique 1996], l'une des sources antiques les plus complètes sur la vie du philosophe, que Pythagore visite Milet à dix-huit ou vingt ans, pour rencontrer Thalès et Anaximandre. Jamblique n'est pas toujours fiable, mais dans le petit monde de l'aristocratie grecque, il est difficile d'imaginer que deux hommes assoiffés de connaissance comme Pythagore et Anaximandre, vivant dans la même région au même moment, ne se soient pas rencontrés. Quoi qu'il en soit, il me semble tout à fait improbable que le jeune Pythagore ne se soit pas intéressé aux idées de son illustre voisin avant d'entreprendre les voyages qui le porteront en Italie, à Croton, où il fondera sa célèbre école. La proximité des intérêts cosmologiques, et surtout la nouvelle idée que la Terre vole dans l'espace, partagée à Milet et à Croton, indiquent avec quasi-certitude que la pensée pythagoricienne n'est pas indépendante de la spéculation milésienne qui la précède immédiatement.

La grande idée pythagoricienne que le monde peut être décrit en termes mathématiques sera reprise, amplifiée et largement propagée par Platon, qui en fera l'un des piliers de sa doctrine de la Vérité. Pour Platon, dans une stricte observance pythagoricienne, la grammaire du monde est le langage mathématique, ce qui pour les Grecs signifie principalement géométrique. Selon une tradition (incertaine*), Platon fait graver sur le fronton de l'Académie, son école, la phrase célèbre :

ΑΓΕΩΜΕΤΡΗΤΟΣ ΜΗΔΕΙΣ ΕΙΣΙΤΩ

« Que nul n'entre ici s'il n'est géomètre ».

Bien que les histoires de la philosophie soulignent souvent des aspects considérés comme « antiscientifiques » de Platon, comme la critique des explications en termes de causes efficientes, ou la dépréciation de l'observation par rapport à la recherche rationnelle, Platon joue un rôle majeur pour le développement de la science.

Lui-même, dans le *Timée*, formule une tentative concrète de réaliser le programme de description géométrique du monde, réinterprétant les atomes de Leucippe et Démocrite, ainsi que les substances élémentaires d'Empédocle, en termes de figures *géométriques* élémentaires. Le résultat n'est pas un chef-d'œuvre d'un point de vue scientifique, mais la direction est excellente : ce n'est qu'en exploitant les mathématiques qu'on réussira à décrire efficacement le monde. L'erreur de cette première et courageuse tentative platonicienne d'utiliser la géométrie pour ordonner complètement et quantitativement le monde est d'oublier le temps. Platon cherche à donner une description mathématique de la forme statique des atomes. Ce qui manque est l'idée que ce qui doit être décrit en termes mathématiques, ce qui s'offre à la

* Le plus ancien document rapportant cette maxime est une note d'un scholiaste anonyme du VIe siècle, identifié sans certitude au rhéteur Sopatros, en marge d'un manuscrit d'Aelius Aristide. L'histoire est répétée au VIe siècle par les néoplatoniciens Philoponus, Olympiodore, Elias et David. La source le plus souvent citée est Jean Tzétzès, au XIIe siècle [Fowler 1999].

mathématisation, c'est l'évolution des choses *dans le temps*. Les lois qui devront être trouvées ultérieurement ne seront pas des lois géométriques spatiales, mais des relations entre position et *temps*. Ce seront des lois qui décrivent le devenir « *selon l'ordre du temps* ». En caricaturant, on pourrait dire que, sur ce point, Platon aurait dû réviser son Anaximandre…

La même erreur sera commise par le jeune Kepler, dans sa première tentative, élégante mais complètement fausse, de rendre compte des rayons des orbites des planètes de Copernic en utilisant ces mêmes solides platoniciens. Après s'être plongé à fond dans le livre de Copernic, il saura corriger l'erreur et trouver les trois lois qui gouvernent le mouvement des planètes au cours du temps, ouvrant la voie à la mécanique de Newton.

Platon ne corrigera pas son erreur mais, indépendamment des succès ou insuccès scientifiques personnels, l'influence de son programme de mathématisation du monde sera immense. Selon Simplicius, c'est Platon qui pose aux astronomes la question fatale : « Quel est le mouvement uniforme et ordonné des planètes que nous devons supposer pour rendre compte de leur mouvement apparent ? » [Fowler 1999]. C'est la question d'où naît l'astronomie mathématique grecque, et après elle Copernic, Kepler, Newton – la science moderne. C'est Platon qui maintient que l'astronomie doit et peut devenir une science mathématique exacte. Dans son Académie, Platon s'entoure des grands mathématiciens de son temps, comme Théétète, et c'est à l'Académie que le grand mathématicien et astronome Eudoxe, ami et élève de Platon, élabore la première théorie mathématique du système solaire.

Vingt siècles plus tard, la découverte galiléenne des premières lois du mouvement terrestre, qui marque la naissance de la physique mathématique moderne, est directement inspirée par la doctrine pythagorico-platonicienne de recherche de la vérité mathématique cachée derrière les choses : c'est à Platon que Galilée doit cette idée. On peut dire que, dans une large mesure, la science occidentale est une réalisation du programme anaximandropythagorico-platonicien de recherche des *lois*, et *en particulier des lois mathématiques*, dissimulées sous le voile des apparences.

Mais, avant de devenir loi mathématique, l'idée de *loi* gouvernant les phénomènes naturels de façon *nécessaire,* complètement absente aux siècles précédents, naît à Milet, et selon toute probabilité dans la pensée d'Anaximandre.

Les Grecs chercheront ces lois aux siècles suivants, et en trouveront beaucoup. Ils trouveront par exemple les lois mathématiques qui régissent le mouvement des planètes *dans le ciel.* Galilée, motivé par sa foi dans le programme d'Anaximandre, Pythagore et Platon, cherchera et trouvera les lois mathématiques qui gouvernent le mouvement des corps *sur la Terre*. Et Newton montrera que les lois du ciel et celles de la Terre sont les mêmes.

C'est un long chemin, une grande aventure, qui s'ouvre avec l'idée d'Anaximandre que ces lois existent et gouvernent le monde *selon la nécessité.* Les lois de Galilée et Newton, à la base de toute la technologie moderne, sont des lois qui indiquent comment, « *selon la nécessité* », les variables physiques changent « *selon l'ordre du temps* ».

6
Quand la révolte devient vertu

Comme je l'ai dit, dans la tradition antique, Thalès est considéré comme l'un des « Sept Sages » de la Grèce. Les Sept Sages sont des figures plus ou moins historiques, que les Grecs ont reconnus et respectés comme les fondateurs de leur pensée et de leurs institutions. (Un autre Sage, contemporain de Thalès et Anaximandre, est Solon, l'auteur de la première constitution démocratique d'Athènes.) Anaximandre ne serait que onze ans plus jeune que Thalès. Nous ignorons la nature de leur relation; en particulier, nous ne savons pas si la spéculation de penseurs comme Anaximandre et Thalès était privée, ou s'il existait à Milet une « école », sur le modèle de l'Académie de Platon ou du Lycée d'Aristote, qui accueillaient enseignants et étudiants, et s'articulaient autour de discussions publiques, leçons et conférences. Les textes du Ve siècle décrivent des débats publics entre philosophes. Ces débats avaient-ils déjà lieu dans le Milet du VIe siècle ?

Comme nous le verrons au chapitre suivant, le VIe siècle grec marque la libération de la lecture et de l'écriture du cercle restreint des scribes professionnels, qui se diffusent à de larges pans de la population, et pratiquement à toute la classe aristocratique dominante. Tout élève de l'école primaire sait qu'apprendre à lire et écrire n'est pas chose facile; et la tâche était certainement encore bien plus difficile aux premiers siècles de la diffusion de l'alphabet phonétique, quand l'écriture était beaucoup moins omniprésente qu'aujourd'hui. Les jeunes grecs devaient donc apprendre à lire d'une manière ou d'une autre, avec l'aide d'aînés expérimentés. Il me semble légitime d'imaginer, même si je n'ai pas trouvé d'information sur ce sujet, que des enseignants, des instituteurs ou des écoles devaient exister dans les grandes cités grecques du VIe siècle. La combinaison de l'enseignement et de la recherche intellectuelle, qui caractérise l'université d'aujourd'hui comme les écoles philosophiques de l'Athènes classique, pouvait tout à fait être déjà stabilisée au VIe siècle. Autrement dit, il ne m'apparaît pas absurde de faire l'hypothèse qu'il existait bien une véritable « école » à Milet.

Quoi qu'il en soit, il est clair que la grande spéculation théorique d'Anaximandre a ses racines dans celle de Thalès. Outre l'identité des questions abordées – la recherche du principe de toute chose, la forme du cosmos, l'explication naturaliste des phénomènes tels que les tremblements de terre – l'héritage de Thalès se manifeste dans de nombreux détails. Ainsi la Terre d'Anaximandre, quoiqu'elle se mette à voler, reste un disque, identique au disque de Thalès qui flotte sur l'eau. La relation intellectuelle entre Thalès et Anaximandre est très étroite : la pensée du second naît et se nourrit de la réflexion du premier. Thalès est bien, au sens figuré et peut-être au sens littéral, le *maître* d'Anaximandre.

Il est important d'analyser de près cette étroite relation de filiation intellectuelle entre Thalès et Anaximandre, parce qu'elle représente la clé de voûte de la contribution d'Anaximandre à l'histoire de la pensée.

Le monde antique est plein de *Maîtres* de la pensée, et de leurs disciples. Que l'on pense par exemple à Confucius et Mencius, Moïse et Josué et tous les prophètes, Jésus Christ et Paul de Tarse, Bouddha et Kaundinya… Mais la relation entre Thalès et Anaximandre est profondément différente de celle qu'eurent ces « grands disciples » avec leurs maîtres. Mencius enrichit et approfondit la pensée de Confucius, mais il se garde bien de mettre en doute ses affirmations. Paul de Tarse conçoit la base théorique du christianisme, mais ne critique pas, et n'offre pas à la discussion, les enseignements de Jésus Christ. Les prophètes approfondissent la description du dieu Jéhovah et de sa relation avec son peuple, mais certainement pas sur la base d'une analyse des erreurs de Moïse.

Face à l'héritage du maître Thalès, l'attitude d'Anaximandre est profondément nouvelle. Il s'inscrit pleinement dans sa problématique, il s'approprie ses intuitions majeures, sa façon de penser, ses conquêtes intellectuelles, mais *il critique frontalement* les affirmations du maître. Il met en discussion l'ensemble de l'enseignement de Thalès. Le monde est fait d'eau, dit Thalès ? Non, c'est faux, affirme Anaximandre. La Terre flotte sur l'eau, dit Thalès ? Non, c'est faux, soutient Anaximandre. Les tremblements de Terre sont dus aux oscillations de la Terre dans le milieu qui la supporte, dit Thalès ? Non, c'est faux, répond Anaximandre, ils sont dus aux fractures de la Terre. Et ainsi de suite. Voici ce qu'en dit par exemple Cicéron, qui ne cache pas sa perplexité [*Academicorum priorum* II, 37.118] :

> *Thalès soutient que toute chose est faite d'eau... Mais de ce fait, il ne persuade pas Anaximandre, qui est pourtant son concitoyen et son compagnon.*

Non pas que la critique soit absente du monde antique. Il suffit de lire la Bible, où le savoir religieux babylonien est âprement critiqué : Marduk est un « faux dieu », ses prêtres sont des « diables » qui doivent être trucidés, etc. Dans le monde antique, la critique existe – et comment ! – tout comme l'adhésion totale à l'enseignement d'un maître. Mais entre les deux, entre la critique et l'adhésion, il n'y a pas de terrain intermédiaire. Encore à la génération suivant Anaximandre, dans la grande école pythagoricienne, en ceci plus archaïque que l'école de Milet, fleurit une révérence totale pour la pensée de Pythagore, qui ne saurait être sujette à la critique (« *Ipse dixit* » est une formule qui se réfère à l'origine à Pythagore, et qui indique que si Pythagore avait affirmé quelque chose, alors ce *devait* être la vérité).

À mi-chemin entre la révérence absolue des pythagoriciens envers Pythagore, de Mencius envers Confucius, de Paul envers le Christ, et le rejet brutal de celui qui pense différemment de soi, Anaximandre ouvre une troisième voie. Le respect d'Anaximandre à l'égard de Thalès est clair, et il est évident qu'il s'appuie complètement sur ses conquêtes intellectuelles. *Et pourtant*, il n'hésite pas à dire que Thalès s'est trompé, en ceci et en cela, et qu'il est possible de faire mieux. Ni Mencius, ni Paul de Tarse, ni les pythagoriciens n'ont compris que cette troisième voie, étroite, est le chemin de la connaissance.

Toute la science moderne découle de la découverte de l'efficacité de cette troisième voie. La possibilité de concevoir cette troisième voie ne peut venir que d'une théorie de la connaissance implicite et sophistiquée, selon laquelle la vérité est accessible, mais graduellement, et par raffinements successifs. Platon saura très bien articuler cette idée. La vérité est voilée, mais elle est accessible par une longue pratique presque dévote de l'observation, de la discussion et de la raison. L'Académie est évidemment fondée sur cette idée, de même que le Lycée d'Aristote. Toute l'astronomie alexandrine croît sur la mise en discussion continuelle des hypothèses des maîtres*.

Celui qui pratique le premier cette troisième voie est Anaximandre. C'est lui qui le premier énonce et met en œuvre ce credo fondamental du scientifique moderne : il faut *étudier à fond les maîtres,* comprendre leurs conquêtes intellectuelles, se les approprier, et grâce à la connaissance acquise, *mettre à jour leurs erreurs*, les rectifier, et ainsi comprendre le monde *un peu mieux*.

Que l'on pense aux plus grands scientifiques de l'époque moderne. N'est-ce pas précisément ce qu'ils ont fait ? Copernic ne s'est pas réveillé un beau matin avec l'idée que le soleil est au

* L'idée, diffuse, que l'astronomie de Ptolémée serait dominée par la révérence à la physique d'Aristote est profondément erronée. La principale contribution théorique de Ptolémée, par exemple, est l'introduction du point équant, qui viole les principes du mouvement aristotéliciens (ou platoniciens) de façon flagrante : les planètes de Ptolémée ne voyagent *pas* à vitesse constante sur leurs cercles.

centre du système des planètes. Il n'a pas déclaré que le système de Ptolémée était une ineptie*. S'il avait agi ainsi, il aurait été bien incapable de construire une nouvelle représentation mathématique efficace du système solaire, personne ne l'aurait cru, et la révolution copernicienne n'aurait jamais eu lieu. Au contraire, Copernic est émerveillé par la beauté du savoir astronomique alexandrin, résumé dans l'*Almageste* de Ptolémée; et il se plonge à fond dans l'étude de ce savoir. Il s'approprie ses méthodes, apprécie son efficacité. C'est *de cette façon* qu'il réussit, dans les replis de la pensée de Ptolémée, à en voir les limites, et trouve finalement comment l'améliorer en profondeur. Copernic est le fils de Ptolémée, dans un sens très précis : son livre, *De Revolutionibus* est très similaire, y compris dans la forme et le style, à l'*Almageste* de Ptolémée. C'en est presque une réédition corrigée. Ptolémée est le penseur que Copernic reconnaît comme son maître, duquel il apprend tout ce qu'il sait. Mais pour avancer, il est indispensable de déclarer que Ptolémée s'est trompé. Et pas dans les détails : il s'est trompé dans ses hypothèses les plus fondamentales et apparemment les plus solides. Il n'est pas vrai, comme le soutient Ptolémée dans une longue et très convaincante discussion au début de l'*Almageste*, que la Terre est immobile au centre de l'Univers.

Exactement la même relation lit Einstein à Newton et, plus simplement, d'innombrables articles scientifiques contemporains aux articles antérieurs, par le système des citations. Au cœur de la force de la pensée scientifique est la remise en question continuelle des hypothèses et des résultats antérieurs; remise en question qui, néanmoins, repose avant tout sur la reconnaissance profonde de la valeur de connaissance contenue dans ces mêmes résultats.

Il s'agit d'un équilibre délicat, qui n'est ni évident ni naturel. C'est si vrai que, comme je l'ai dit, toute la spéculation des premiers millénaires de l'histoire écrite de l'humanité est passée à

* Comme, hélas, le présentent de nombreux manuels scolaires d'aujourd'hui.

côté. Ce délicat point d'équilibre, poursuivre et prolonger la voie du maître en critiquant le maître, a une date de naissance précise dans l'histoire de la pensée humaine – la position que prend Anaximandre à l'égard de son maître Thalès.

L'idée fera immédiatement école. Déjà Anaximène s'en saisit et propose une version modifiée (et beaucoup plus riche) de la théorie de son aîné. La voie de la critique est ouverte, et ne s'arrêtera plus : Héraclite, Anaxagore, Empédocle, Leucippe, Démocrite… chacun dira sa vérité sur la nature des choses du monde, dans une multiplication de points de vue, un crescendo de critiques réciproques, qui ne pourront apparaître comme une cacophonie qu'à l'observateur distrait. C'est au contraire le triomphe de la pensée scientifique, le début de l'exploration des formes possibles de pensée du monde. Le début de cette quête qui nous a donné l'essentiel de ce que nous apprenons à l'école, et presque tout ce que nous savons sur le monde.

Selon une thèse classique, une révolution scientifique comparable à celle advenue en occident n'a pas eu lieu dans la civilisation chinoise, qui pourtant fut durant des siècles largement supérieure, à plus d'un égard, précisément parce que, dans la pensée chinoise, le *maître* n'est jamais critiqué, jamais mis en discussion*. La pensée chinoise s'est développée par enrichissement et approfondissement, pas par mise en question de l'autorité intellectuelle. Cela me semble une hypothèse raisonnable; je ne vois pas d'autre explication au fait, incroyable, que la grande civilisation chinoise n'a pas réussi à comprendre que la Terre est ronde avant que les jésuites soient arrivés pour lui expliquer. En Chine, peut-être, il n'y eut jamais un Anaximandre.

Ou, s'il y en eut un, l'empereur lui a probablement fait trancher la tête.

* Sur cet argument, voir [Lloyd 2002].

7
Écriture, démocratie et mélange des cultures

Dans les chapitres précédents, j'ai soutenu la thèse qu'une partie importante de la méthodologie scientifique a ses origines dans les réflexions de l'école de Milet, en particulier celles d'Anaximandre. Sont d'origine milésienne le naturalisme, le premier recours aux termes théoriques, l'idée de loi naturelle qui détermine de façon nécessaire le déroulement des phénomènes dans le temps; et surtout la combinaison du respect et de la critique au sein d'une même ligne de recherche intellectuelle, et l'idée générale que le monde puisse ne pas être tel que nous le concevons. Que pour le comprendre, il puisse être nécessaire de refonder en profondeur l'image que nous en avons.

Il peut sembler surprenant que dans l'histoire du monde, tout cela soit apparu ensemble, presque à l'improviste. Pourquoi à ce moment précis ? Pourquoi au VIe siècle ? Pourquoi en Grèce ? Pourquoi à Milet ? Il n'est pas difficile de dégager quelques éléments de réponse à ces questions.

1. La Grèce archaïque

J'ai déjà parlé de la nouveauté radicale de la structure *politique* de la Grèce du VIe siècle avant J.-C., parmi les civilisations maîtrisant l'écriture. Nouveauté radicale non seulement vis-à-vis des mondes égyptien, mésopotamien, et plus généralement moyen-oriental, mais aussi vis-à-vis de la structure politique et sociale de la Grèce elle-même.

Une riche civilisation fleurissait déjà en Grèce presque un millénaire avant Anaximandre, notamment entre les XVIe et XIIe siècles avant J.-C., dans des centres comme Mycènes, Argos, Tyrinthe et Cnossos. C'est approximativement à cette époque que se déroulent les événements chantés dans l'*Iliade* (quoique l'œuvre elle-même fût sans doute composée bien plus tard) ; une époque restée dans la mémoire du peuple grec comme une fabuleuse ère de splendeur.

Cette civilisation est aujourd'hui appelée mycénienne, ou plus correctement égéenne : Mycènes est la première cité dont les fondations furent retrouvées par les archéologues, mais n'en est pas le centre majeur. Cette civilisation nous a laissé des vestiges de grands palais, de riches tombeaux, de superbes fresques (*figure 14* et *planche III*) et des pièces d'artisanat élaborées.

À partir de 1450 av. J.-C. le royaume de Mycènes domine la Crète, berceau d'une civilisation millénaire. Au cours des XIVe et XIIIe siècles, l'expansion mycénienne se poursuit, les Grecs s'emparant finalement de la position dominante en Méditerranée occidentale détenue jusqu'alors par les Crétois. Ils conquièrent Rhodes, Chypre, puis Lesbos, Troie, et Milet. Ils arrivent jusqu'en Phénicie, à Byblos, et en Palestine.

De la Crète, la civilisation mycénienne hérite de l'usage de l'écriture. Il s'agit d'une écriture appelée « linéaire B », qui est complètement différente du Grec classique. Un exemple de linéaire B est visible sur la *figure 15*, ainsi que sur la *planche IV*.

Le déchiffrage du linéaire B n'a été accompli qu'au cours des dernières décennies, et a ouvert une fenêtre sur la civilisation mycénienne. L'image qui en ressort est inattendue : celle d'un monde dont la structure sociale et politique est beaucoup plus proche de la Mésopotamie que de la Grèce des siècles suivants.

La société mycénienne s'organise en effet autour de grands « palais », où vivent le souverain et sa cour. Celui-ci est figure

Figure 14

Splendide fresque mycénienne du XIIIe siècle avant J.-C., baptisée la « dame de Mycènes ». Elle représente une déesse sur le point de recevoir une offrande (voir *planche III*).

Figure 15

Tablettes du XIIIe siècle avant J.-C., écrites en linéaire B. Musée archéologique national d'Athènes. Celle de droite parle d'une commande de laine (voir *planche IV*).

divine ou semi-divine, et joue le rôle d'intermédiaire entre les dieux et la société. Il concentre tous les pouvoirs, politiques et religieux. La cour est le centre politique, économique, et organisationnel – le centre d'accumulation de la richesse et du pouvoir. Elle recueille toute la production du territoire, et accueille les échanges commerciaux, y compris les plus lointains : des objets d'origine mycénienne ont été trouvés jusqu'en Irlande. La cour dispose d'une administration structurée, où l'écriture joue un rôle important. Celle-ci est pratiquée par des scribes professionnels. Leurs archives comptabilisent tout ce qui concerne la production agricole, l'élevage, les différents corps de métier (chacun devant verser à la cour matières premières et ouvrages manufacturés), les esclaves, privés ou royaux, toutes sortes de taxes imposées par le Palais aux individus et à la collectivité, le nombre d'hommes réclamés à chaque village pour le service militaire, les unités armées, les sacrifices aux dieux, les offrandes prévues, etc. [Vernant 1962]. Aucune place n'est réservée aux initiatives individuelles. Tous les échanges passent par le palais, qui est le centre du réseau. C'est exactement la structure politique et sociale du monde mésopotamien.

Le monde mycénien s'écroule au tournant du millénaire, pour des raisons qui restent obscures : l'explication traditionnelle invo-

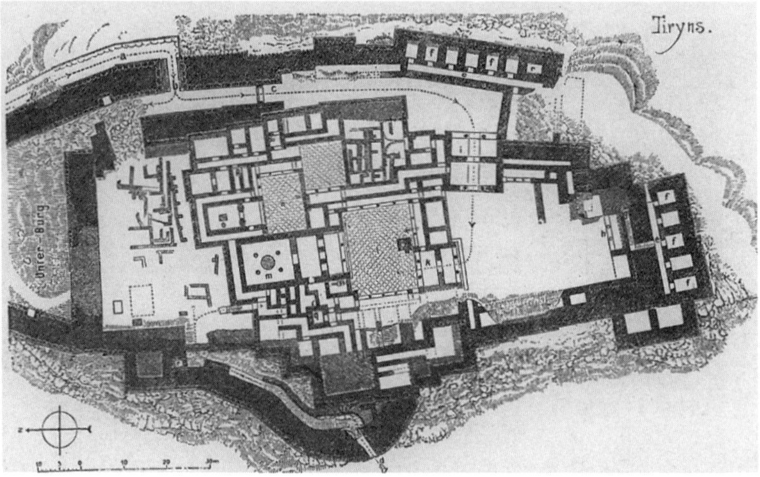

Figure 16

Plan du palais de Tyrinthe

que « l'invasion des Doriens ». S'ensuivent plusieurs siècles surnommés le « Moyen Âge hellénique », qui ne laissent presque aucune trace de civilisation. De cette période, il ne reste ni palais, ni objets, ni témoignage écrit. Le commerce semble paralysé; les conditions de vie régressent sans doute beaucoup.

On peut imaginer que sous la pression des difficultés économiques et sociales de cette période, commencent ou se renforcent l'émigration des Grecs et la création de colonies en Asie mineure, sur la Mer Noire, en Italie, et ailleurs.

La sortie du « Moyen Âge hellénique » se situe aux VIIIe et VIIe siècles, soit deux siècles avant Anaximandre. Les commerçants phéniciens renouent le contact entre le monde grec et l'Orient, interrompu depuis l'effondrement de l'empire mycénien. La Grèce recommence à s'enrichir, le commerce reprend et devient rapidement très vivace, accompagné par une forte poussée démographique. L'agriculture évolue de cultures de subsistance, comme le blé, vers des cultures destinées au commerce, vigne, huile d'olive. Le système des colonies et le commerce qu'il permet deviennent source de prospérité. Les vestiges archéologiques abondent à nouveau, de même que les témoignages écrits. Mais cette fois, l'écriture utilisée n'est plus le linéaire B de l'ère mycénienne; c'est une écriture complètement nouvelle, basée sur un alphabet hérité des Phéniciens.

2. L'alphabet grec

Le développement du commerce tisse en effet un contact très étroit avec le monde phénicien, qui domine depuis longtemps le commerce maritime en Méditerranée. Grâce à ce contact, les Grecs apprennent l'usage de l'alphabet phénicien, qu'ils adaptent à leur propre langue. Lors de cette adaptation s'opère une évolution dont l'importance ne saurait être sous-évaluée.

L'alphabet grec et l'alphabet phénicien semblent très similaires; ils ne le sont pas. Tous deux sont composés de moins d'une trentaine de lettres, essentiellement les mêmes dans les deux alphabets. Leur fonctionnement, pourtant, est profondément différent.

L'alphabet phénicien est consonantique : seules les consonnes sont écrites. La phrase précédente, par exemple, apparaîtrait comme ceci dans un alphabet consonantique :

Llphbt phncn st cnsnntq sls ls cnsnns snt crts.

Pour pouvoir lire une telle écriture, il faut avoir une idée déjà assez claire de ce dont on parle, et savoir reconnaître des groupes de consonnes indiquant tel ou tel mot. Le système fonctionne bien dans un contexte limité, comme la comptabilité ou le registre de négociations commerciales, mais s'avère très peu fonctionnel dans des situations plus générales.

Un alphabet consonantique peut paraître une idée un peu paradoxale, mais nous parlons d'une invention qui représente un progrès immense par rapport aux formes d'écritures précédentes, utilisées pendant des millénaires, comme l'écriture cunéiforme, répandue en Mésopotamie depuis le IVe millénaire, l'écriture hiéroglyphique, introduite un peu plus tard en Égypte, ou le linéaire B de la Grèce mycénienne.

Les écritures cunéiforme et hiéroglyphique, outre certains éléments phonétiques, fonctionnent avec des centaines de symboles différents. Il est indispensable de connaître chaque mot pour pouvoir l'écrire, ou même le reconnaître dans un texte. L'exercice est difficile et réclame une grande expertise, qui à son tour nécessite un long apprentissage. L'écriture reste la compétence de scribes professionnels. Les souverains et princes de la haute antiquité ne savent ni lire ni écrire*.

L'alphabet consonantique phénicien, probablement conçu pour satisfaire aux exigences d'efficacité et de flexibilité d'un peuple de commerçants, simplifie considérablement l'écriture.

Au lieu de centaines de symboles, une trentaine suffit. Leurs combinaisons, régies par la succession des sons consonants au sein de chaque mot, codifient l'écriture de façon astucieuse et

* Une exception particulièrement notable est peut-être Hammurabi. Beaucoup de ses messages semblent écrits de sa main. Je rappelle que, quinze siècles plus tard, Charlemagne ne savait ni lire ni écrire.

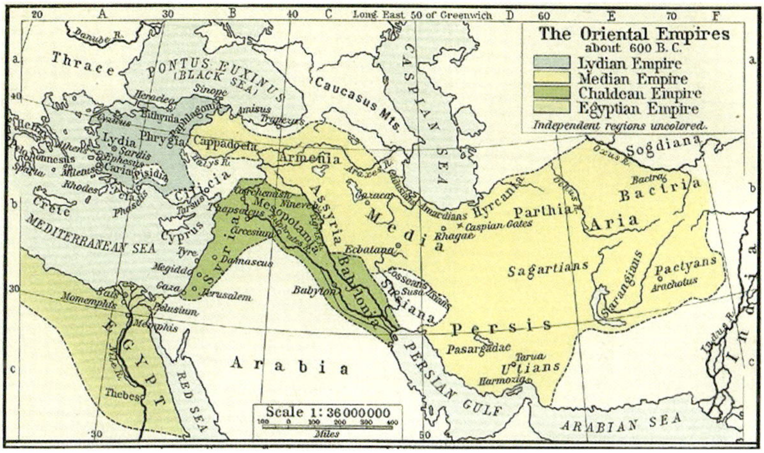

Les empires moyen-orientaux autour de l'an 600 avant J.-C.

L'expansion grecque et phénicienne à la moitié du VIe siècle.

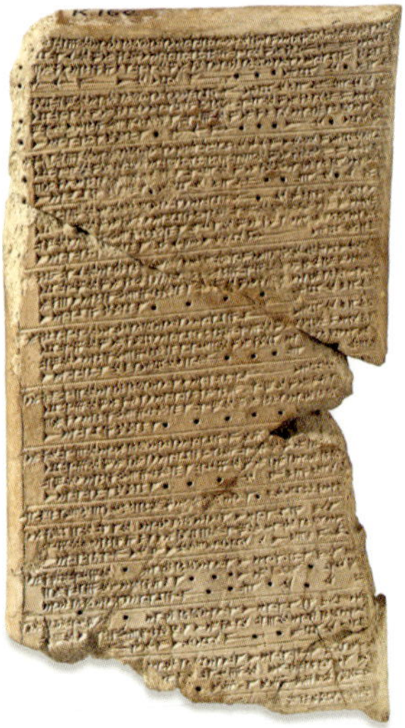

Tablette de caractères cunéiformes écrite à Ninive au VIIe siècle av. J.-C. (British Museum). Elle contient des relevés de la position de Vénus dans le ciel effectués sous Ammisaduqa, un millénaire plus tôt.

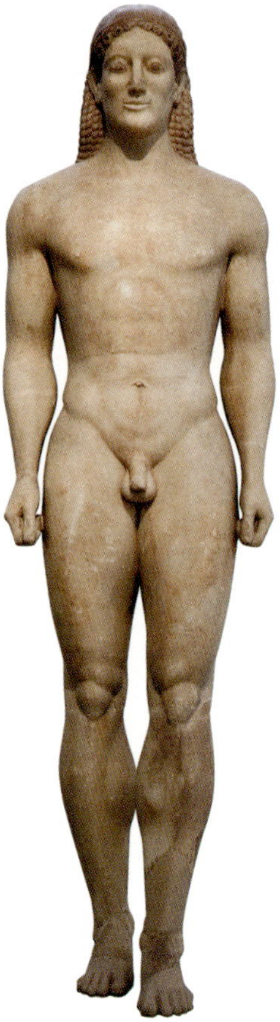

« Anavyssos Kouros », statue en marbre en grandeur nature, probablement réalisée pendant la vie d'Anaximandre (Musée Archéologique d'Athènes).

Coupe spartiate du VIe siècle, attribuée au peintre du roi Archesilias II (Musée du Vatican). Certains auteurs ont voulu y lire l'influence de la pensée d'Anaximandre : la Terre a la forme d'une colonne, et le ciel, porté par Atlas, entoure la Terre. L'autre personnage est Prométhée.

Splendide fresque mycénienne du XIIIe siècle av. J.-C., baptisée la « dame de Mycènes ». Elle représente une déesse sur le point de recevoir une offrande.

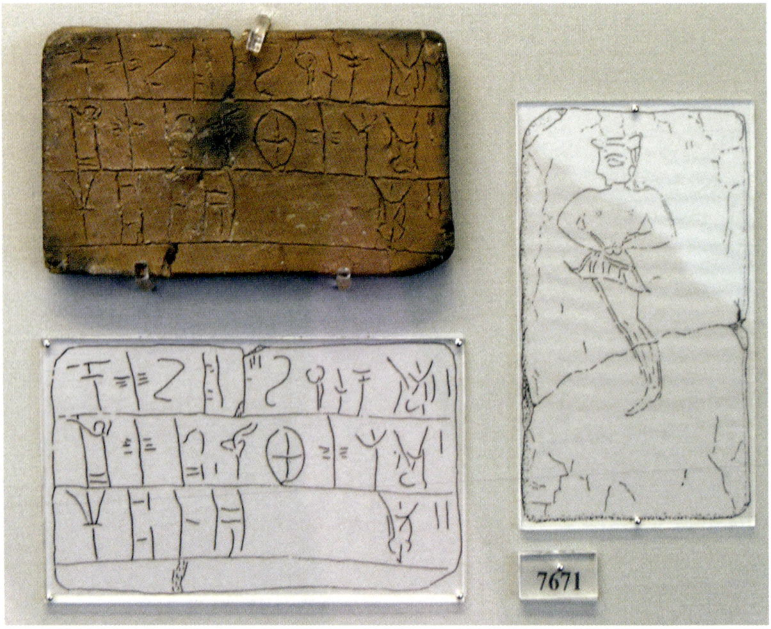

Tablettes du XIIIe siècle avant J.-C., écrites en linéaire B
(Musée archéologique national d'Athènes).
La tablette du bas parle d'une commande de laine.

efficace. Mais une compétence particulière reste nécessaire pour pouvoir reconstruire un mot à partir de ses consonnes. Lire un texte n'est pas un exercice aisé, qu'on peut accomplir en pensant à autre chose, comme l'on parle. L'apprentissage nécessaire pour acquérir la maîtrise de l'écriture, et la compétence spécifique requise pour l'utiliser, la réservent encore à une minorité.

Autour de 750 av. J.-C., à peine plus d'un siècle avant la naissance d'Anaximandre, les Grecs s'approprient l'alphabet phénicien. Ils sont alors confrontés à un détail crucial : la phonétique indo-européenne est plus simple que la phonétique sémitique – le Grec a moins de consonnes que le phénicien. Encore aujourd'hui le Français ou l'Italien ont moins de consonnes que l'Arabe : que l'on pense aux diverses gutturales qui le caractérisent. Certains symboles de l'alphabet phénicien, ceux qui correspondent aux sons consonants absents dans la langue grecque, restent donc *inutilisés*. Ces symboles sont : α, ε, ι, ο, υ, ω.

Quelqu'un, en Grèce, a une idée : utiliser ces symboles pour représenter les *voyelles*. Les différentes inflexions vocaliques de la même consonne : ba, be, bi, bo… rendues en phénicien par la même lettre β, peuvent désormais être distinguées à l'écrit, en écrivant βα, βε, βι, βο... Cela semble dérisoire, mais cela révolutionne le monde.

C'est ainsi que naît en effet le premier alphabet *phonétique* complet de l'histoire de l'humanité. Face aux difficultés antérieures, lire et écrire devient presque un jeu d'enfants : pour écrire, il suffit d'apprendre à écouter attentivement les sons de chaque syllabe, et à le décomposer en ses composantes consonantiques et vocaliques. Et à l'inverse, pour lire, il suffit d'épeler la suite des lettres écrites : « b », « a »… « ba » !, comme nous apprenons à le faire à l'école élémentaire, pour qu'un texte commence littéralement à nous « parler », même sans aucune connaissance préalable des mots écrits.

La première technologie capable de conserver une copie de la voix humaine est née.

Pourquoi cette réforme de l'écriture, somme toute assez simple, a-t-elle dû attendre les Grecs ? Est-ce que personne ne pouvait y penser, au cours des quatre millénaires précédents pendant lesquels l'écriture était utilisée ? N'est-il pas complètement évident qu'une écriture phonétique est une bonne idée ?

Je n'ai pas de réponse à ces questions, mais les considérations suivantes sont peut-être pertinentes. S'il est si évident qu'une écriture phonétique est raisonnable, pourquoi la France, l'Angleterre, les États-Unis et la Chine persévèrent-ils à utiliser des langues qui violent manifestement les principes de l'écriture phonétique ? (Pensez qu'en Français nous écrivons e-a-u pour un mot qui se prononce « o »... En Chinois, les éléments phonétiques sont extrêmement réduits.) Évidemment la rigidité mentale de l'humanité est beaucoup plus puissante que n'importe quel « bon sens ». Peut-être faudrait-il un peuple neuf et sans culture pour repartir sur des bases plus sensées.

Ou peut-être un peuple qui avait utilisé l'écriture cinq siècles plus tôt; qui en avait perdu la compétence, mais en conservait la mémoire. Et qui pouvait donc avoir à l'égard de l'écriture des peuples voisins une attitude ouverte, capable d'en reconnaître immédiatement la valeur, sans être subjugué par le mystère d'une technique exotique et incompréhensible.

On peut peut-être imaginer qu'un marchand intelligent ou un homme politique grec voyait régulièrement les antiques inscriptions mycéniennes sur les vestiges de la légendaire civilisation chantée dans l'*Iliade*, qui ne pouvaient pas avoir tous disparu au VIIe siècle. Ce marchand pouvait donc savoir qu'au temps de l'antique splendeur ses aïeux écrivaient. Entré en contact avec les scribes phéniciens, cet homme pouvait se rendre compte de l'utilité et de l'intérêt majeur d'une telle technique. Sans pour autant se sentir obligé de la copier dans tous ses détails de façon acritique.

L'adaptation de l'alphabet phénicien à la langue grecque est si raisonnable et si bien conçue qu'il me semble légitime de supposer qu'elle ne fut pas le résultat d'une transformation fortuite, mais plutôt d'une opération culturelle consciente. Rarement l'évolution naturelle conduit à des structures dépourvues d'exceptions et d'inconséquences. Je pense que les règles de l'alphabet grec ont pu être décidées « autour d'une table », à partir de l'étude de l'alphabet phénicien. À ma connaissance, l'unique autre langue qui fonctionne avec une écriture parfaitement phonétique est l'espéranto, exemple typique d'une langue construite artificiellement. Notez qu'encore à l'âge classique, Athènes légiférait sur l'usage de la lettre η.

Quoi qu'il en soit, à la moitié du VIIe siècle, le jeune monde grec dispose, pour la première fois de l'histoire de l'humanité, d'un vrai alphabet phonétique.

Dans les sociétés antiques l'écriture était la compétence exclusive des scribes, et le savoir lié à l'écriture était tenu jalousement secret. Voici par exemple le texte d'une tablette cunéiforme dite « de la connaissance secrète », trouvée à Ninive (reproduite en *figure 17*) :

> *Secrète tablette du Ciel, connaissance exclusive des grands dieux. Tu ne dois pas être distribuée !*
>
> *Le scribe ne peut l'enseigner qu'au fils qu'il aime. L'enseigner à un autre scribe de Babylone, ou à un autre scribe de Borsippa ou à n'importe qui d'autre est un sacrilège envers les dieux Nabu et Nisaba (les dieux de l'écriture).*
>
> *Nabu et Nisaba ne confirmeront pas comme maître celui qui en parle en public. Ils le condamneront à la pauvreté et à l'indigence, et le feront mourir d'hydropisie !*

Figure 17

Tablette « de la connaissance secrète » (British Museum)

Quel intérêt auraient eu les scribes à diffuser le savoir, à simplifier l'écriture ? Finir au chômage ? Quel intérêt auraient eu les souverains à faire de l'écriture un bien commun ? Finir chassés, comme les rois grecs ?

Certes, la volonté de garder secrète la connaissance ne disparaît pas du monde grec dans les siècles suivants. Elle reste par exemple dominante dans l'école pythagoricienne, de même que, plus tard, dans différents centres de connaissance alexandrins, souvent pour des motifs militaires. Marseille, notamment, est célèbre dans l'antiquité pour le secret qui enveloppe ses techniques militaires. La même politique a cours aujourd'hui, par exemple au Département de la Défense américain, qui protège dans un secret jaloux les résultats de sa recherche scientifique. Mais dans une Grèce sans scribes, sans grands souverains, sans palais et sans grandes castes sacerdotales, naît une forme de savoir qui non seulement n'est pas secret, mais qui est ostensiblement divulgué.

Quelle immense distance culturelle sépare le secret des tablettes cunéiformes et leurs épigones contemporains du Pentagone, de l'attitude ouverte d'Anaximandre qui ouvre le chemin de la science en consignant tout son savoir dans un livre écrit en prose, afin que chacun puisse le lire ! Afin que chacun puisse se l'approprier, et le critiquer, comme il a lui-même critiqué Thalès…

Durant les VIIe et VIe siècles, en Grèce, pour la première fois dans l'histoire du monde, l'écriture est devenue assez simple pour être largement accessible; le savoir n'est plus le patrimoine exclusif d'une confraternité fermée de scribes, mais un patrimoine partagé par une large classe dominante. Peu de temps après seront écrites les œuvres immortelles de Sappho, de Sophocle et de Platon…

3. Science et démocratie

O gentlemen, the time of life is short !
And if we live, we live to tread on kings… !

Ô gentilshommes, le temps de la vie est bref…
Si nous vivons, nous vivons pour écraser les rois…

[Shakespeare, *Henry IV*, acte V, 2]

À la sortie du Moyen Âge hellénique, c'est donc une civilisation très originale qui se présente à la face du monde. Une civilisation très différente de son ancêtre mycénienne. Les grands palais ont disparu. Le roi semi-divin a disparu. Dans la Grèce politiquement et culturellement renaissante, il n'y a plus de pouvoir central, plus d'autorité religieuse organisée, d'église ou de caste sacerdotale puissante, pas de livre saint.

Pour la première fois on parle de la cité, la *Polis*, comme d'une entité autonome, qui prend des décisions à la première personne. Ces décisions sont souvent façonnées par la participation directe, par la libre discussion de tous les citoyens.

La structure politique de cette Polis est extrêmement variée et complexe : monarchies, aristocraties, tyrannies, démocraties, partis politiques en compétition les uns avec les autres; puis des constitutions, comme celle de Solon, sont écrites, et réécrites. En somme, on assiste à une remise en question continuelle de la gestion de la chose publique. Les Polis grecques sont des lieux où une large classe de citoyens, dont une grande partie sait désormais lire et écrire, discutent de la façon de structurer le pouvoir et prendre les décisions importantes de façon optimale.

En parallèle de cette désacralisation et de cette laïcisation de la vie publique, qui passe des mains des rois-dieux à celles des citadins, s'ouvre un processus de désacralisation et de laïcisation du savoir. La loi que cherche Anaximandre pour comprendre le cosmos est sœur de la loi que les citoyens de la Polis cherchent pour s'organiser. Dans les deux cas, ce n'est plus la loi divine. Dans les deux cas, la loi n'est plus *donnée* une fois pour toutes, mais est *rediscutée* continuellement.

Les cosmologies antiques qui forment les mythes fondateurs, de l'*Enuma Elish* babylonien à la *Théogonie* d'Hésiode, narrent un monde où l'ordre cosmique est stabilisé par la présence d'un grand dieu, Marduk ou Zeus. Après une longue période de confusion et de conflits, ce dieu triomphe et stabilise l'ordre global, qui est à la fois l'ordre cosmique, l'ordre social et l'ordre moral. La Théogonie d'Hésiode est un hymne à la gloire de

Zeus, fondateur et garant de toute chose. C'est l'ordre mental d'une société qui naît et s'organise autour de la figure et du pouvoir du souverain, premier moteur et garant de la civilisation elle-même.

Au moment où les cités grecques chassent les rois, quand elles découvrent qu'une collectivité humaine hautement civilisée n'a pas besoin d'un roi-dieu pour exister, qu'au contraire elle fleurit mieux *sans* roi-dieu, à ce moment la lecture de l'ordre du monde se libère de la sujétion aux dieux créateurs et ordonnateurs, et de nouvelles voies s'ouvrent pour comprendre et ordonner le monde.

Concevoir une structure politique démocratique signifie accepter que les meilleures décisions puissent émerger de la *discussion* entre tous, plutôt que de l'autorité d'un seul; l'idée que la *critique* publique des propositions est utile pour discerner les meilleures d'entre elles; l'idée que l'on peut *argumenter* et converger vers une conclusion. Ce sont les hypothèses de base de la recherche scientifique de la connaissance.

La base culturelle de la naissance de la science est donc aussi la base de la naissance de la démocratie : la découverte de l'efficacité de la critique et du dialogue, entre pairs. Anaximandre, qui critique ouvertement son maître Thalès, ne fait que transporter sur le terrain du savoir une pratique déjà courante dans l'agora de Milet : ne pas approuver de façon acritique et révérencielle le divin, ou le semi-divin, le seigneur du moment, mais critiquer la proposition du magistrat. Non pas pour lui manquer de respect, mais dans la conscience partagée qu'une meilleure proposition existe toujours.

Les Grecs trouvent leur identité culturelle dans la poésie d'Homère, qui chante leur passé glorieux, mais les dieux d'Homère sont des objets poétiques, ni très crédibles ni très majestueux; il a été écrit qu'il n'est pas de poème moins religieux que l'*Iliade**. Dans ce monde sans centre, sans dieux forts, l'espace est ouvert pour une autre pensée.

* P. Mazon, *Introduction à l'Iliade*, Les Belles Lettres, 1967.

La relation entre la nouvelle structure sociale et politique et la naissance de la pensée scientifique est donc transparente*. Les points communs sont évidents : la laïcisation; l'idée que les lois, et les idées, des anciens ne sont pas nécessairement les meilleures; l'idée que les meilleures décisions peuvent émerger de la *discussion* plutôt que de l'autorité du souverain, ou de la révérence à la tradition; l'idée que la critique publique d'une proposition est utile pour en discerner les faiblesses; l'idée que l'on peut argumenter et converger vers une conclusion.

D'une certaine manière, c'est bien de la « découverte » de la méthode scientifique qu'il s'agit : quelqu'un propose une idée, une explication. Et le processus démarre : on la prend sérieusement en considération, on la critique; on en propose une autre, on la confronte à la précédente. La découverte extraordinaire est que ce processus peut *converger*. De cette façon, un groupe de personnes peut arriver à une conviction commune, ou à une conviction majoritaire, et ainsi à une décision efficace et partagée.

Dans le domaine du savoir, la découverte est que laisser libre cours à la critique, permettre la remise en question, donner le droit à la parole à tous et prendre au sérieux toute proposition, ne mène pas à une cacophonie stérile. Au contraire, cela permet d'écarter les hypothèses qui ne fonctionnent pas, et de faire émerger les meilleures idées.

Cela ne durera pas. Peu de siècles plus tard, l'empire romain aura replacé le pouvoir dans les mains d'un seul, et le christianisme aura replacé le savoir dans les mains du divin. L'union de l'empereur et de l'Église aura refondé la théocratie.

Mais pendant quelques siècles, les hommes se sont libérés de la théocratie. Au temps d'Anaximandre, Milet est indépendante, mais unie par la ligue aux autres cités ioniennes. La ligue n'incarne pas la domination d'une cité sur les autres, mais délimite un espace commun où intérêts et décisions peuvent être débattus. Le lieu

* Cette relation est soulignée dans diverses études classiques, en particulier les remarquables travaux de Vernant [1962, 1965].

de réunion des membres de la ligue ionienne est peut-être l'un des plus anciens « parlements » de l'histoire du monde, sinon *le* plus ancien du monde. Au moment précis où les hommes substituent les parlements aux palais, ces mêmes hommes observent le monde autour d'eux, se libèrent de l'obscurité de la pensée mystico-religieuse et commencent à comprendre comment fonctionne le monde dans lequel nous vivons. La Terre n'est pas une grande assiette : c'est un caillou qui flotte dans l'espace.

4. Le mélange des cultures

Milet était l'une des plus riches et florissantes cités du VIe siècle, mais ce n'était assurément pas la seule. Pourquoi Milet ? Il ne faut peut-être pas chercher de réponse trop précise à ce genre de question, mais un facteur important saute aux yeux.

Milet est le dernier avant-poste grec avant les royaumes moyen-orientaux. Elle est en contact étroit avec le prospère royaume de Lydie, à l'avant-garde de la politique monétaire. Elle commerce avec le monde mésopotamien. Elle a un comptoir en Égypte. Elle a des colonies depuis la Mer Noire jusqu'à Marseille. Milet, en un mot, est de très loin la cité grecque la plus ouverte au monde, en particulier aux empires antiques et à leurs cultures séculaires.

Les civilisations fleurissent quand elles se mélangent; elles dépérissent quand elles s'isolent. Les grands moments d'explosion culturelle correspondent toujours aux grandes rencontres entre civilisations. La Renaissance italienne est déclenchée par l'arrivée en Europe du savoir arabe; la grande époque de la science alexandrine naît de la rencontre entre la Grèce classique et l'ancien savoir égyptien et babylonien, dans les rues d'Alexandrie et de Babylone où est entré Alexandre le Grand. La poésie de Rome fleurit quand Rome se laisse fertiliser par la civilisation grecque, malgré l'opposition malotrue et réactionnaire des Caton hurlant à la lune, qui imaginent préserver la pureté de l'identité culturelle italique. Cette même pureté culturelle qui émeut encore aujourd'hui les moins intelligents de nos concitoyens, effrayés par l'arrivé des « autres ».

La naissance de l'écriture, quatre mille ans plus tôt, à Sumer, où naît la civilisation, jaillit probablement de la rencontre entre la culture sumérienne et les peuples akkadiens : la première langue écrite dont nous ayons trace est en effet... deux langues : le Sumérien et l'Akkadien. De toutes les tablettes cunéiformes dont nous disposons, certaines des plus anciennes sont des dictionnaires Sumérien-Akkadien... Les exemples de la fertilité du mélange des cultures sont innombrables.

Ces considérations éclairent aussi la véritable originalité de l'organisation politique de la Polis. Je ne sais pas si les tribus indo-européennes ou d'autres tribus nomades d'autres régions du monde avaient une structure politique centralisée, dominée par un roi-dieu absolu. Probablement pas : la distribution du pouvoir dans une assemblée d'hommes libres existait sans doute bien avant la Polis grecque. Nous la retrouvons par exemple dans les tribus germaniques décrites par Tacite des siècles plus tard, et il me semble difficile d'imaginer que l'origine de ces assemblées d'hommes libres soit la Polis grecque. Ce qui est neuf, dans la Polis grecque, n'est pas le partage du pouvoir entre hommes libres : c'est la rencontre entre cette structure et la richesse culturelle du monde méditerranéen, accumulée dans les palais des monarques divins. Cette rencontre apporte à la Grèce l'écriture, l'observation systématique du ciel, les rudiments des mathématiques, l'architecture des grands temples... Elle lui apprend, en somme, à penser de façon infiniment plus large qu'une tribu de nomades guerriers.

Milet est le lieu où la civilisation grecque naissante et l'ancien savoir moyen-oriental se rencontrent. Selon la tradition, Thalès voyage à Babylone, et en Égypte, où il mesure la hauteur des pyramides : quelle image plus symbolique de la rencontre entre la nouvelle pensée géométrique grecque et la très ancienne tradition égyptienne ? Solon part en voyage, selon Hérodote [*Les Histoires*, I, 29] κατα θεωριης, « par curiosité ». Des voyages d'Anaximandre, les anciens ne font mention explicite que de séjours à Sparte et dans la colonie d'Apollonie, sur la Mer Noire. Mais les influences étrangères sont évidentes, certaines études récentes suggérant même des relations avec la culture iranienne.

Platon lui-même, deux siècles plus tard, évoque les voyages en Égypte et les discussions avec les prêtres égyptiens que firent certains Grecs au temps de Solon, c'est-à-dire au temps d'Anaximandre, pour y apprendre des choses inconnues en Grèce... De la fertilisation réciproque entre le savoir traditionnel méditerranéen et la nouveauté politique et culturelle du jeune monde indo-européen grec naît l'immense révolution culturelle de Milet.

***

Hérodote a écrit des lignes qui saisissent merveilleusement ce moment magique de l'histoire de l'humanité. Il rapporte une expérience vécue au cours d'un voyage en Égypte, qui d'après lui fait écho à une expérience analogue d'Hécatée, le géographe et historien milésien qui améliore la carte du monde d'Anaximandre. Voici les mots d'Hérodote :

> *Quand Hécatée, l'historien, arriva à Thèbes, il se vanta de son ascendance, affirmant que l'un de ses ancêtres de la seizième génération était l'enfant d'un dieu. Les prêtres égyptiens réagirent face à lui exactement comme ils l'avaient fait face à moi, quoique je ne me fût pas vanté de ma famille : ils m'avaient accompagné dans le sanctuaire à l'intérieur du temple, qui est une vaste pièce, et m'avaient montré une multitude de colossales statues de bois. Ils les avaient comptées devant moi, me montrant qu'elles étaient exactement du nombre qu'ils m'avaient dit. La coutume est que chaque grand prêtre possède sa statue dans le temple. En me montrant les visages, en me donnant leurs noms, les prêtes m'assurèrent que chaque statue représentait le fils du grand prêtre représenté par la statue précédente, et ceci pour toute la série, depuis la statue du grand prêtre qui venait de décéder jusqu'à la toute première. Quand Hécatée, fit mention d'un dieu à la seizième génération de sa généalogie, ils opposèrent leur généalogie à la sienne, refusant de croire qu'un homme pût être né avant un dieu. Chaque statue représentait un gentilhomme, c'est-à-dire un homme, fils d'un autre gentilhomme, et leur nombre était trois cent quarante-trois. Dans la série des statues un gentilhomme succédait à un gentilhomme, et dans cette série, point de dieu ni de héros.*

[Hérodote, *Les Histoires*, II, 143].

Le luxe de détails avec lequel Hérodote s'applique à faire le récit de cet épisode, rapprochant sa propre expérience de celle qu'il avait dû lire dans le texte d'Hécatée, témoigne de l'impression profonde qu'a dû faire, sur la culture grecque, la rencontre avec la très ancienne tradition égyptienne. Hécatée, comme tous les Grecs, pense que le monde a moins d'une vingtaine de générations et se vante de son ascendance divine; mais les grands prêtres le conduisent dans le temple égyptien ancestral et obscur et lui montrent la preuve, difficile à mettre en doute, de *trois cent quarante-trois* générations de civilisation *humaine*. Le court passé hellénique est ridiculisé. Si cette expérience a été vécue par Hécatée et Hérodote, elle a sans doute également été vécue par de nombreux autres illustres visiteurs grecs, comme Thalès et Anaximandre. Comme l'écrit Shotwell en 1922, avec une très belle image.

> *Peut-être ne nous trompons-nous pas de beaucoup si nous datons – pour autant que ces choses puissent être datées – l'instant décisif du réveil critique et scientifique grec par l'une de ces rencontres dans l'obscure chambre intérieure du grand temple de Thèbes. Il ne faut pas oublier que ce fut le visiteur grec, et non le sage prêtre égyptien, qui apprit une leçon ce jour-là. [...] C'est peut-être de là que la pensée critique grecque s'est élevée dans le monde occidental. Là qu'est né cet esprit libre et courageux de recherche qui deviendra la marque de la pensée grecque.*

Shotwell parle en l'occurrence de la naissance de l'historiographie, mais ses mots valent *a fortiori* pour l'esprit scientifique en général.

Comme le singe de Kubrick devant le monolithe dans *2001, l'Odyssée de l'espace*, un Grec, devant les statues égyptiennes qui contredisent spectaculairement son orgueilleuse vision du monde, a peut-être commencé à penser que nos certitudes peuvent aussi être mises en doute.

C'est la rencontre avec l'altérité qui ouvre nos esprits, en ridiculisant nos préjugés.

Tout ceci, entre parenthèses, peut nous servir d'avertissement : chaque fois que, comme nation, comme groupe, comme continent, ou comme religion, nous nous replions sur nous-mêmes dans la célébration de notre *identité*, nous ne faisons que célébrer nos propres limites, et chanter notre propre stupidité. Chaque fois que nous nous ouvrons à la diversité, et que nous sommes attentifs à la différence, nous contribuons à l'enrichissement et à l'intelligence de la race humaine. Un « ministère de l'identité nationale » tel que celui récemment institué dans certains pays d'Europe est un ministère de l'obtusité nationale.

8
Qu'est-ce que la science ? Penser Anaximandre après Einstein et Heisenberg

La science dont je veux parler n'est pas née
avec la révolution copernicienne ou avec la philosophie hellénique,
mais à l'instant même où Ève cueillit la pomme :
c'est l'exigence de savoir, qui fait partie de la nature humaine.
FRANCESCA VIDOTTO [2006]

La science commencerait donc avec Anaximandre ? La question est mal posée : cela dépend de ce que nous choisissons d'appeler « science », un mot qui est très générique. Suivant la signification, plus ou moins large, que nous donnons à ce mot, la science commence avec Newton, Galilée, Archimède, Hipparque, Hippocrate, Pythagore ou Anaximandre. Ou avec un astronome babylonien dont nous ignorons le nom, ou avec le premier grand singe qui trouva comment enseigner à ses petits ce qu'il avait appris, ou avec Ève, comme dans la citation qui ouvre ce chapitre... De façon plus ou moins historique ou symbolique, chacun de ces passages marque l'acquisition par l'humanité d'un nouvel instrument crucial pour le développement de la connaissance.

Si par « science » nous entendons l'investigation basée sur une activité *expérimentale* systématique, alors elle débute plus ou moins avec Galilée. Si nous entendons un ensemble d'observations quantitatives et de modèles théorico-mathématiques capables de mettre assez d'ordre dans ces observations pour fournir des *prédictions* correctes, alors la science inclut aussi l'astronomie d'Hipparque et de Ptolémée*. Et ainsi de suite. Souligner la pertinence d'un instant initial, comme j'ai cherché à le faire avec Anaximandre, ce n'est que porter l'attention sur un *aspect* du parcours d'acquisition de la connaissance. C'est mettre en lumière certaines caractéristiques de la science, et implicitement réfléchir sur ce qu'est la recherche du savoir, sur son mode de fonctionnement.

Qu'est-ce que la pensée scientifique ? Quelles sont ses limites ? Que nous enseigne-t-elle en fin de compte ? Qu'est-ce qui la caractérise, et comment la confronter avec d'autres formes de connaissance ?

La réflexion sur Anaximandre des chapitres précédents est avant tout motivée par ces questions. En revenant sur la manière dont Anaximandre a ouvert le chemin de la pensée scientifique, j'ai cherché à éclairer certains aspects de la pensée scientifique. Je voudrais maintenant tenter de rendre plus explicite ces considérations, et inscrire les contributions d'Anaximandre dans une discussion plus large, portant sur le sens et la nature de cette pensée.

1. L'effondrement des illusions du XIXe siècle

La réflexion sur la nature de la connaissance scientifique a été vivace au cours des dernières décennies. Les lectures proposées par les philosophes, de Carnap à Bachelard, de Popper à Kuhn, Feyerabend, Lakatos, Quine et van Fraassen, et beaucoup d'autres, ont modifié notre compréhension de ce qu'est l'activité scientifique†. Dans une large mesure, cette réflexion a été déclenchée par un choc : l'effondrement inattendu de la physique newtonienne, advenu au début du XXe siècle.

* C'est la thèse centrale du superbe livre de Lucio Russo [1996], qui contient peut-être quelques exagérations, mais dont le cadre général me semble difficile à mettre en doute.
† Une bonne introduction en Français aux débats contemporains en philosophie des sciences est [Ulises Moulines 2006].

Au XIXe siècle, on avait coutume de dire que Newton ne fut pas seulement l'un des hommes les plus intelligents que l'humanité ait jamais produit, mais aussi le plus chanceux : parce qu'il existe un seul ensemble de lois fondamentales, et que c'est lui, Newton, qui eut la chance de les trouver. Aujourd'hui cette idée fait sourire, et révèle la sérieuse erreur épistémologique commise au XIXe siècle : l'idée que les bonnes théories scientifiques sont *définitives*, exactement valides pour l'éternité.

Le XXe siècle a fait place nette de cette illusion. Des expériences rigoureuses ont montré que, dans un sens très précis, la théorie de Newton est incorrecte. Mercure, par exemple, ne se meut *pas* selon les lois de Newton. Albert Einstein, Werner Heisenberg* et leurs amis ont trouvé un nouvel ensemble de lois fondamentales – la relativité générale et la mécanique quantique – qui remplacent les lois de Newton, et qui fonctionnent bien y compris là où les lois de Newton cessent d'être valides, par exemple en rendant compte de l'orbite de Mercure ou du comportement des électrons dans les atomes.

La leçon est apprise : aujourd'hui peu de gens croient que « cette fois nous avons les lois définitives ». C'est une opinion consensuelle de penser que les nouvelles lois d'Einstein et de Heisenberg trouveront leurs limites, et seront un jour remplacées par des lois encore meilleures†. À vrai dire, les limites des nouvelles théories affleurent déjà. Il existe de subtiles incompatibilités entre la théorie d'Einstein et celle de Heisenberg, qui n'autorisent pas à penser que nous disposerions des lois finales et définitives du monde. C'est pourquoi nous continuons à chercher. Mon métier de physicien théoricien consiste à participer à cette recherche de lois capables d'unifier la théorie d'Einstein et celle de Heisenberg.

---

* La découverte de la mécanique quantique est œuvre collective : outre Heisenberg, il faut mentionner Planck, Bohr, Schrödinger, Pauli, Dirac, Born… La preuve que la critique mutuelle peut aussi porter ses fruits au sein d'une même génération.

† Certains scientifiques, hélas, tombent encore dans le panneau, et prétendent que nous avons, ou sommes sur le point d'avoir, la théorie finale du monde, la « Théorie du Tout ».

Le point clé est que ces deux théories, la relativité générale et la mécanique quantique, ne sont *pas* de petites corrections à la théorie de Newton. Il ne s'agit pas de la rectification d'une équation, d'un époussetage des anciennes formules, ou même de l'ajout de nouvelles formules. Ces nouvelles théories constituent deux bouleversements radicaux de notre image du monde. Pour Newton, le monde est un grand espace vide dans lequel se meuvent des « particules », pareilles à de minuscules cailloux. Einstein comprend que cet espace vide lui-même est comme une mer dans la tempête. Il peut se plier, se courber et même (dans les fameux trous noirs) se déchirer. Personne, avant Einstein, n'avait sérieusement contemplé cette possibilité*. Presque en même temps, de Broglie, Schrödinger, Heisenberg et d'autres comprennent que les particules de Newton ne sont pas des particules, mais d'étranges hybrides entre onde et particule qui courent sur les toiles de Faraday. En un mot, on découvre au XXe siècle que la structure du monde est profondément différente de celle qu'avait imaginée Newton.

D'un côté, ces découvertes confirment la capacité cognitive de la science. Comme les découvertes de Newton et de Maxwell aux siècles précédents, elles conduisent rapidement à un impressionnant développement technologique, qui bouleverse une fois de plus notre société. Des intuitions de Faraday et de Maxwell naissent la radio et toutes les télécommunications. De celles d'Einstein et Heisenberg l'ordinateur, l'énergie atomique, et mille autres révolutions technologiques qui ont changé notre vie.

Mais d'un autre côté, la découverte que l'image newtonienne du monde était fausse est déconcertante. Après Newton, nous

* Le mathématicien allemand Carl Friedrich Gauss, considéré comme l'un des « plus grands mathématiciens de la modernité », avait déjà pris au sérieux l'idée que l'espace physique puisse être courbe. On raconte, quoiqu'il ne semble pas exister de preuve de cette assertion [Miller 1972], que Gauss aurait organisé une expédition pour vérifier l'hypothèse, en mesurant les angles d'un grand triangle formé par trois sommets montagneux (dans un espace courbe, la somme des angles d'un triangle n'est pas 2π comme dans un espace plat), mais aurait tenu la chose secrète de peur d'apparaître ridicule. Authentique ou pas, l'anecdote souligne à quel point l'idée était originale un siècle avant Einstein.

pensions avoir définitivement compris la structure de base du monde physique. Nous nous trompions. Les images du monde construites par Einstein et Heisenberg, un jour, apparaîtront également erronées. Mais alors, cela signifie-t-il que nous ne pouvons pas nous fier aux images du monde que nous offre la science, la meilleure science ? Que savons-nous vraiment sur le monde ? Que nous enseigne vraiment la science ?

2. La science ne se réduit pas à des prédictions vérifiables

Malgré ses incertitudes, la science est source de sécurité. La théorie de Newton ne perd pas sa valeur après Einstein : si je dois calculer la force du vent sur un pont, je peux aussi bien utiliser la théorie de Newton que celle d'Einstein. La différence sera beaucoup plus petite que la précision avec laquelle je peux mesurer la force du vent; les corrections qu'apporte la relativité générale sont complètement superfétatoires pour un problème concret comme la construction d'un pont qui ne s'effondre pas. La théorie de Newton est parfaitement adaptée à ce problème, et tout ce qu'il y a de plus fiable. Autrement dit, il existe des *domaines de validité* des théories, définis par la précision avec laquelle nous observons et mesurons le monde. La théorie de Newton conserve toute sa force et sa fiabilité, pour tous les objets qui se déplacent beaucoup moins vite que la lumière. Dans un certain sens, elle sort renforcée des travaux d'Einstein, parce que désormais nous connaissons *aussi* ses critères d'applicabilité. Si un ingénieur fait un calcul en utilisant les équations de Newton, et nous dit que le toit que nous sommes en train de construire est trop fin et s'effondrera à la première chute de neige, nous serions bien idiots de ne pas prêter attention à son conseil au motif que Newton a été contredit par Einstein.

C'est sur la base de ce genre de certitudes que nous pouvons nous fier sereinement à la science. Par exemple, si nous avons une pneumonie, la science nous dit que si nous ne faisons rien, nous avons une forte probabilité de mourir, alors que si nous prenons de la pénicilline, nous avons une excellente probabilité de guérir. Ce n'est pas de ce savoir qu'il faut douter : nous pouvons être sereinement *certains* que la probabilité de survie augmente considérablement avec la pénicilline, indépendamment de toute compréhension profonde de ce qu'est une pneumonie. L'augmentation de la probabilité de guérir, dans une certaine marge d'erreur qui est connue, est une prévision scientifique certaine.

Nous pourrions donc nous limiter à considérer une théorie comme intéressante uniquement si elle nous donne des *prédictions,* correctes dans un certain domaine de validité et avec une certaine marge d'erreur. Nous pourrions même en arriver à affirmer que fournir des prédictions est le seul rôle utile et intéressant des théories – que le reste est inutile.

C'est la direction qu'a prise une partie de la réflexion moderne sur la science. Une direction raisonnable, mais peu convaincante, parce qu'elle laisse en suspens la question : le monde est-il tel que l'a décrit Newton, tel que l'a décrit Einstein, ou ni l'un ni l'autre ? Savons-nous quelque chose du monde, ou ne savons-nous rien ? Si tout ce que nous pouvons dire est « voici l'ensemble d'équations adaptées pour calculer certains effets physiques dans certaines approximations », alors la science perd toute capacité à nous aider à comprendre le monde. De ce point de vue, le monde reste pleinement incompréhensible à la lumière de notre savoir scientifique.

Le problème avec cette réduction de la science à ses prédictions vérifiables est qu'elle ne rend justice ni à la pratique de la science, ni à la façon dont la science croît vraiment, ni surtout à l'usage effectif que nous en faisons, et à la raison pour laquelle, en fin de compte, elle nous intéresse. Je m'explique avec un exemple.

Qu'a découvert Copernic ? Du point de vue que je viens de rapporter, il n'a *rien* découvert : son système de prédiction n'est pas meilleur que celui de Ptolémée, il est *pire.* Et comme si cela ne suffisait pas, nous savons aujourd'hui que le Soleil n'est *pas* au centre de l'univers, comme Copernic croyait l'avoir découvert*. Quelle valeur a donc la science de Copernic ? Du point de vue positiviste énoncé plus haut : *aucune.*

Mais quel sens peut donc avoir un point de vue pour lequel Copernic n'a rien découvert ? Si nous maintenons cette position, nous devons conclure que ce n'est pas Galilée qui avait raison, mais le cardinal Bellarmin, qui assénait que la méthode de calcul de Copernic n'est rien qu'une méthode de calcul, et non un argument en faveur du *fait* que le Soleil serait *vraiment* au centre du système solaire, ou que la Terre serait *vraiment* une planète comme les autres. Mais si la thèse de Bellarmin avait prévalu, nous n'aurions eu ni Newton ni la science moderne. Et nous penserions encore être au centre du monde.

Si une définition de la science doit mener à la conclusion que le *fait* que le Soleil est au centre du système solaire et que la Terre n'est pas au centre de l'univers, n'est pas scientifique, alors je crois que cette définition a montré ses limites.

Les prédictions scientifiques sont de grande importance pour au moins deux raisons : parce qu'elles permettent les applications techniques de la science (calculer si le toit va s'effondrer sans devoir attendre une chute de neige), et parce qu'elles représentent le critère central de sélection et de vérification des théories (nous n'avons cru à l'héliocentrisme que parce que Galilée vit un jour dans sa lunette les phases de Vénus, prédites par le modèle de Copernic). Mais réduire la science à une technique de prédiction, c'est confondre la science et ses applications techniques, ou la troquer contre un instrument de confirmation et de vérification.

La science n'est pas réductible à ses prédictions quantitatives. Elle n'est pas réductible à des techniques de calcul, à des protocoles opérationnels, à la méthode hypothético-déductive. Ses

* Nous pourrions dire que Copernic a compris que c'est la Terre qui tourne autour du Soleil, et non l'inverse. Mais même cette affirmation, qui reste vraie dans la théorie de Newton, perd une grande partie de son sens dans le cadre de la théorie de la relativité d'Einstein, où la Terre aussi bien que le Soleil suivent des trajectoires « géodésiques », et où ni le Soleil ni la Terre ne définissent de référentiel privilégié. Alors, la Terre tourne-t-elle autour du Soleil ?

prédictions quantitatives, ses techniques de calcul, ses protocoles opérationnels, sa méthode hypothético-déductive sont des *instruments*, fondamentaux et extrêmement aiguisés. Ce sont des garanties, des gages de clarté, des outils pour écarter les erreurs, des techniques pour mettre à jour des hypothèses inexactes, etc. Mais ce ne sont que des outils, et qui plus est ce ne sont que *certains* des outils utiles à l'activité scientifique. Ils sont au service d'une activité intellectuelle dont la substance est tout autre.

Les nombres, les techniques, les prédictions sont utiles pour suggérer, pour tester, pour confirmer, pour utiliser les découvertes. Mais le contenu de ces découvertes n'a rien de technique : le monde ne tourne pas autour de la Terre; toute la matière autour de nous est constituée exclusivement de protons, d'électrons et de neutrons; dans l'univers il y a cent milliards de galaxies, chacune constituée de cent milliards d'étoiles semblables à notre Soleil; l'eau de la pluie est l'eau qui s'est évaporée de la mer et de la terre; il y a quinze milliards d'années l'univers était comprimé dans une boule de feu; les ressemblances entre parents et enfants sont transmises par la molécule d'ADN; dans notre cerveau il y a un million de milliards de synapses qui s'échangent des impulsions électriques quand nous pensons; la complexité sans limite de la chimie est entièrement réductible à de simples forces électriques entre protons et électrons; tous les êtres vivants sur cette planète ont un ancêtre commun... Ce sont des *faits* de la nature, que la pensée scientifique nous a révélés, qui ont changé en profondeur notre image du monde et de nous-mêmes, et qui ont une directe et immense portée cognitive.

La confusion entre la science comme activité cognitive et la science comme production de prédictions testables prête par ailleurs le flanc à une nouvelle critique de la science, menée au nom de la condamnation de « domination de la technique ». Cette critique, diffuse dans des pays comme l'Allemagne et l'Italie, met en doute la science en tant que « royaume des instruments », et reste aveugle au vrai problème, qui est celui de ses objectifs. La science est accusée de voir seulement les moyens, et pas les fins.

Mais c'est cette critique elle-même qui confond les moyens et les fins de la science. Critiquer la science pour ses aspects techniques, c'est comme juger un poète par le type de stylo qu'il utilise pour écrire. La raison pour laquelle nous nous intéressons au moteur de notre voiture n'est pas parce qu'il fait tourner les roues : c'est parce qu'il nous emmène où nous n'arriverions pas à pieds. Il n'est qu'un engrenage d'un instrument qui nous ouvre les portes du voyage.

3. Explorer les formes de pensée du monde

Ο κόσμος αλλοίωσις. Ο βίος υπόληψις

« Le cosmos est changement,
la vie est opinion »

[Démocrite, *fragment* 115]

Qu'est-ce alors que la connaissance scientifique, à la lumière de ces brèves considérations ? L'objectif déclaré de la recherche scientifique n'est pas de faire des prédictions quantitatives correctes : c'est de « comprendre » comment fonctionne le monde. Qu'est-ce que cela signifie ? Cela signifie construire et développer une *image* du monde, c'est-à-dire une structure conceptuelle pour penser le monde, efficace et compatible avec ce que nous en savons.

La raison pour laquelle la science existe est le fait que nous sommes extrêmement ignorants, et que nous avons une montagne de préjugés erronés. La science naît de ce que nous ne savons pas (« qu'y a-t-il derrière la colline ? »), et de la mise en doute de tout ce que nous croyons savoir mais qui ne résiste pas à l'épreuve des faits, ou à une analyse critique intelligente. Nous pensions que la Terre était plate, puis qu'elle était au centre du monde. Nous pensions que les bactéries étaient spontanément générées par la matière inanimée. Nous pensions que les lois de Newton étaient exactes... À chaque nouvelle découverte, le monde se redessine et change sous nos yeux. Nous le connaissons différemment, et *mieux*.

La science consiste à regarder plus loin, à nous rendre compte que nos idées sont très souvent inadéquates dès l'instant où nous sortons de notre petit jardin. Elle consiste avant tout à démasquer nos préjugés. À construire et développer les nouveaux instruments conceptuels qui nous permettront de penser plus efficacement le monde, dans des contextes de plus en plus larges.

La connaissance scientifique est le processus de modification et d'amélioration perpétuelle de notre conceptualisation du monde, en remettant sélectivement et continuellement en discussion certaines hypothèses et croyances de base, afin de trouver les modifications qui les rendront plus efficaces.

La pensée scientifique explore et redessine le monde, elle nous apporte de nouvelles images, elle nous enseigne la forme même du monde : elle nous apprend à penser le monde, et en quels termes le penser. La science est une recherche continuelle de la meilleure façon de *penser* le monde, de *regarder* le monde. C'est avant tout une exploration de nouvelles formes de pensée.

Avant d'être technique, la science est donc visionnaire. Anaximandre, qui ne connaît pas les équations, est indispensable pour arriver un jour aux équations d'Hipparque. Giordano Bruno ouvre l'univers, et il ouvre la voie à Galilée et Hubble. Einstein se demande comment apparaîtrait le monde à qui l'observerait chevauchant un rayon de lumière, et nous raconte dans son texte de vulgarisation qu'il imagine l'espace-temps comme un grand mollusque. La science rêve de nouveaux mondes – et ses rêves quelques fois, se trouvent décrire la réalité mieux que nos préjugés.

Ce processus de re-pensée du monde est perpétuel. Les très grandes révolutions conceptuelles, comme celles d'Anaximandre, Darwin ou Einstein, n'en sont que les sommets les plus visibles. La façon dont nous pensons le monde et organisons notre pensée aujourd'hui est très différente de celle d'un Babylonien de l'an 1000 av. J.-C. Cette profonde modification est le résultat de la très lente accumulation de connaissance qui résulte de l'ensemble de ces changements. Certains pas sont acquis : nous ne dansons plus pour faire tomber la pluie. D'autres le sont partiellement : nous savons que notre univers, en expansion rapide, existe depuis quinze milliards d'années, mais tout le monde n'accepte pas l'idée. Certains croient encore, obstinés, outragés, qu'il n'existe que depuis six mille ans, parce que c'est ce que dit la Bible. D'autres pas sont acquis dans les communautés de recherche, mais n'ont pas encore intégré le patrimoine commun de l'humanité. La structure de l'espace et du temps révélée par la relativité d'Einstein, ou la nature de la matière dévoilée par la mécanique quantique, décrivent un monde très différent de celui qui est familier à la majorité d'entre nous. Il faudra du temps pour s'y habituer, comme il fallut deux siècles pour que la révolution copernicienne pénètre la conscience de l'homme européen. Mais le monde change, il continue à changer, au fur et à mesure que nous le comprenons. La force visionnaire de la science est cette capacité à voir plus loin, à faire tomber nos préjugés et nous révéler de nouveaux territoires de la réalité.

Cette aventure s'appuie sur toute la connaissance accumulée, mais son âme est le changement perpétuel. La clé du savoir scientifique est la capacité à ne pas rester agrippés à nos certitudes, à nos images, à être prêts à les changer, et les changer encore, en fonction d'observations, de discussions, de nouvelles idées, de nouvelles critiques. La nature de la pensée scientifique est essentiellement critique, rebelle, intolérante à tout *a priori*, à toute révérence, à toute vérité éternelle.

4. L'évolution de l'image du monde

L'intuition centrale du grand philosophe de la science Karl Popper est que la science n'est pas un ensemble de propositions vérifiables, mais qu'elle est constituée par de complexes théories qui peuvent, au mieux, être globalement *falsifiées*. Popper a compris que la connaissance scientifique n'est pas du genre de celles qu'on peut contrôler par une vérification directe, comme le voudrait le positivisme. Elle est faite de constructions théoriques qui peuvent en principe être *contredites* par des observations empiriques. Une théorie qui nous donne des nouvelles prédictions, des prédictions qui sont vérifiées et ne sont jamais contredites (« falsifiées ») par la réalité est une théorie scientifique valide. Cela ne veut pas dire que la contradiction n'apparaîtra pas un jour; ce jour-là, les scientifiques chercheront une meilleure théorie. La connaissance scientifique est donc intrinsèquement globale, provisoire et évolutive. Et la croissance du savoir scientifique est essentiellement critique, par la remise en discussion de ce que nous croyions avoir acquis.

L'aspect évolutif de la connaissance scientifique a été exploré par Thomas Kuhn*. Selon Kuhn une théorie scientifique est une description du monde qui nous offre une structure conceptuelle, un « paradigme », pour décrire un ensemble de phénomènes. Dans le cadre d'une telle théorie, nous pouvons interpréter les données expérimentales, formuler précisément les problèmes que nous pose le monde, et trouver des outils pour les résoudre. Les paradigmes peuvent entrer en crise, s'ils sont falsifiés par l'expérience – c'est-à-dire si nous nous apercevons dans une expérience que les choses ne se comportent pas comme nous nous y attendions, sur la base de la théorie. De façon plus réaliste, ils entrent en crise lorsqu'une multitude croissante de données empiriques mettent à mal le cadre théorique global.

Dans une telle situation de crise, une théorie alternative peut se présenter, capable de rendre compte des phénomènes saisis par la théorie précédente ainsi que des nouvelles données. La nouvelle théorie peut alors détrôner l'ancienne et prendre sa place. Dans certains cas, la « révolution » institue une structure conceptuelle, un vocabulaire, en complet désaccord avec l'ancienne sagesse : dans les cas extrêmes, les deux théories se contredisent purement et simplement. La science oscillerait donc entre des périodes « normales », dominées par une théorie au sein de laquelle on cherche à résoudre tous les problèmes, et des périodes « révolutionnaires » qui renouvellent le paradigme général, en réinterprétant tous les phénomènes dans un nouveau schéma conceptuel.

* L'accent sur le caractère historico-évolutif de la connaissance scientifique a caractérisé la philosophie des sciences *italienne,* de Enriques à Geymonat, dans le sillage de l'historicisme dans lequel mon pays a été plongé, autant dans le camp de Benedetto Croce que dans le camp marxiste. Mais l'historicisme italien n'a peut-être pas su trouver le langage pour convaincre au-delà des Alpes, ou en tout cas de l'autre côté de l'Atlantique.

Cette interprétation de la science a été développée dans différentes directions. On a par exemple souligné que, plutôt que de grands paradigmes qui entrent en crise et sont finalement abandonnés, la réalité de la recherche scientifique est faite d'une multiplicité d'écoles en compétition, qui meurent par stagnation, lorsque les difficultés accumulées orientent les chercheurs vers des sujets de recherche plus vitaux. L'accent a également été porté sur l'extrême variété méthodologique du processus scientifique, et sur le fait que toute tentative de réduction de cette vivacité au sein d'une *méthode* universelle, garante de la fiabilité du savoir scientifique, ne représente pas un éclaircissement, mais la promotion d'une impasse.

Ces études ont clarifié de nombreux aspects du fonctionnement effectif de la science. Comme scientifique engagé personnellement dans cette aventure, j'ai toutefois l'impression que certains points essentiels leur échappent encore.

Ce qui n'est pas fidèlement saisi par cette philosophie des sciences, c'est la relation complexe qu'entretiennent les théories scientifiques entre elles et avec le reste de notre savoir sur le monde. Dans les reconstructions que j'ai survolées, les théories scientifiques apparaissent comme des structures indépendantes et isolées, qui peuvent être librement construites, utilisées, abandonnées, substituées, testées l'une après l'autre. Chacune repose foncièrement sur le préjugé que nous disposerions d'une structure conceptuelle fixe, et fiable, nous permettant de passer au crible les théories scientifiques les unes après les autres – à savoir notre raison, notre sens commun, un petit ensemble d'hypothèses « évidentes » sur l'univers.*

Ce modèle de la science est à la fois trop radical dans l'abstrait et trop conservateur dans le concret. Radical, parce qu'il suppose que chaque nouvelle proposition théorique peut naître d'une *tabula rasa* de la pensée scientifique. Conservateur, parce qu'il ne

* Paul Feyerabend est célèbre pour avoir défendu une conception radicalement libérale de la science, baptisée « anarchisme épistémologique », dans laquelle toute philosophie normative est perçue comme faisant obstacle au progrès scientifique [Feyerabend 1956].

reconnaît pas comme contingentes les structures les plus rigides de notre pensée; en les prenant pour absolues, il devient inconsciemment facteur de fixité, et fait obstacle à la nature révolutionnaire de la pensée scientifique. Une nouvelle théorie scientifique n'est jamais une structure tombée du ciel, ou tirée de la fantaisie d'un scientifique. C'est une modification de la pensée présente. C'est à la marge que se joue la nouveauté. Même si la marge peut être à la racine.

Je pense au contraire que toute théorie scientifique est insérée dans la grande complexité de notre image du monde. À son tour, toute bonne théorie représente un nouveau savoir et un élément dynamique de l'évolution de cette *même* image du monde.

Kuhn, et plus encore Feyerabend ou Lakatos, mettent l'accent sur les indéniables *discontinuités* de l'évolution du savoir scientifique, et sur la distance conceptuelle entre les différentes théories. Sans nier la valeur de cette importante observation, je crains qu'en ne suivant trop loin cette ligne de pensée, l'on perde de vue la *continuité,* les aspects *cumulatifs* qui sont également indéniables, et qui, surtout, jouent un rôle majeur au moment même des grandes transformations. Ce qu'ils voient mal, c'est que ce qui change dans les grandes révolutions scientifiques n'est pas ce qui semblait *raisonnable*, mais ce que *personne n'attendait.*

Un exemple. Einstein est le champion de la nouveauté conceptuelle et des « révolutions scientifiques ». Quand Einstein introduit la théorie de la relativité restreinte en 1905, il le fait pour résoudre une situation de crise typique, dans le genre de celles décrites par Kuhn : la relativité galiléo-newtonienne ne semble pas en mesure de rendre compte de certains résultats expérimentaux; en particulier, elle semble incompatible avec la récente théorie de Maxwell, dont l'efficacité pour décrire le monde devient chaque jour plus évidente. La solution de la crise, dans l'esprit de la discontinuité kuhnienne, ou plutôt dans le dogme hypothético-déductif, aurait consisté à chercher une base théorique neuve, qui bouleversât en profondeur les hypothèses de Galilée et Newton ou celles de Maxwell, ou toutes à la fois, n'ayant en commun avec celles-ci que les conséquences empiriques.

Ce n'est absolument pas ce que fait Einstein. Il réussit précisément en partant de l'hypothèse contraire : en supposant que la *substance* de la relativité galiléo-newtonienne, c'est-à-dire l'équivalence des référentiels inertiels, ou plus exactement le *fait* que la vitesse est relative, est correct. Dans le même temps, il soutient que les équations de Maxwell et l'aspect central de sa théorie, l'existence de champs physiques, sont corrects. Il conserve pleinement les aspects *qualitatifs* essentiels des deux théories – précisément les aspects dont Kuhn affirme qu'ils doivent changer au cours d'une révolution scientifique ! La combinaison des deux hypothèses fait tomber une *troisième* hypothèse – la simultanéité est absolue – et suffit à faire émerger la nouvelle synthèse, la théorie de la relativité restreinte. Mais cette troisième hypothèse était auparavant posée *tacitement*, elle n'était *jamais* explicitée. Cette troisième hypothèse était considérée comme inhérente à la notion même de temporalité, et donc virtuellement comme un *a priori* de la pensée.

La révolution d'Einstein ne consiste donc pas à écarter certaines théories pour en essayer de nouvelles. Au contraire. Elle consiste à *prendre au sérieux* les théories existantes et écarter un élément de la conceptualisation *a priori* du monde, quelque chose qui jusqu'alors ne faisait pas problème. Elle ne crée pas un nouveau jeu sur la base de règles claires : elle change les règles du jeu. Le *temps* n'est pas cette chose que nous croyions évidente. Il n'a pas la forme que Kant considérait comme une condition nécessaire *a priori* de la connaissance. C'est le sens commun qui est bouleversé, à la barbe de la révérence anglo-saxonne pour le sens commun.

Ce ne sont donc pas directement les données expérimentales qui provoquent le grand saut conceptuel que représente la relativité restreinte : c'est la croyance en l'efficacité des théories précédentes qui se sont révélées empiriquement adéquates, malgré leur contradiction apparente. Cette reconstruction de la logique d'une révolution scientifique est presque diamétralement opposée à celle de Kuhn.

L'exemple de la relativité restreinte n'est pas isolé. Copernic n'abandonne pas la structure théorique ptolémaïque pour réorganiser les phénomènes, pressé par de nouvelles données observationnelles. Au contraire : grâce à une profonde immersion dans l'astronomie de Ptolémée, il trouve entre les épicycles et les déférents la clé conceptuelle qui lui permet de réorganiser tout le système du monde. Dans le nouveau système, les déférents et les épicycles sont *toujours là*, mais une idée apparemment indubitable – la fixité de la Terre – a été abandonnée.

Et ainsi de suite : Dirac a inventé la théorie quantique des champs et a prédit l'existence de l'antimatière uniquement sur la base de sa *confiance* dans la relativité restreinte et dans la mécanique quantique. Newton a compris la gravitation sur la base d'une confiance complète dans la troisième loi de Kepler, et dans la découverte galiléenne que le mouvement est déterminé par l'accélération, sans aucune nouvelle donnée expérimentale. Einstein lui-même, en 1915, par ce qui est peut-être son coup de génie le plus spectaculaire, a découvert que l'espace-temps est courbe grâce à sa confiance dans la relativité restreinte et dans la gravitation newtonienne. Dans tous ces exemples, c'est la confiance dans le contenu *factuel* des théories précédentes (ce contenu qu'une partie de la philosophie des sciences voudrait considérer comme le moins pertinent) qui a permis le grand bond en avant.

La réalité des révolutions scientifiques est plus complexe qu'une réorganisation des données expérimentales sur une nouvelle base conceptuelle. C'est une transformation perpétuelle *à la marge et aux fondements* de notre pensée globale sur le monde.

5. Règles du jeu et commensurabilité

Les coups de génie qui ont fait les grands pas en avant ne sont pas nés de la découverte de nouvelles solutions à des problèmes bien posés. Ils sont nés de la découverte que le problème était mal posé. C'est la raison pour laquelle l'ambition de reformuler la question des révolutions scientifiques en termes d'un problème bien posé ne peut fonctionner. La science avance en résolvant des problèmes, et la solution implique, le plus souvent, une reformulation du problème lui-même.

Anaximandre ne résout pas un problème ouvert par l'astronomie babylonienne : il se rend compte que c'est la position du problème par la pensée babylonienne qui doit être reformulée. Il n'explique pas comment le ciel bouge *au-dessus de nos têtes*. Il comprend que le ciel n'est *pas qu'au-dessus de nos têtes*. Ptolémée ne résout pas les problèmes techniques du système d'Hipparque en trouvant de nouveaux cercles le long desquels les planètes voyagent à vitesse constante : il postule que les planètes voyagent à vitesse variable, quoi qu'en disent ceux qui radotent toujours que Ptolémée est esclave de la physique aristotélicienne. Copernic ne clarifie pas le mystère des étranges coïncidences du système ptolémaïque dans les termes du problème posé par Platon, qui consiste à expliquer l'apparence du ciel par le mouvement *des planètes*. Il change les règles du jeu : il fait bouger la Terre. Et ainsi de suite : Darwin résout un problème qui n'était *pas* ouvert dans le cadre de la biologie du XIXe siècle, parce qu'on croyait déjà en connaître la solution.

Ceci ne vaut pas que pour les avancées majeures de la science. Dans l'activité de recherche quotidienne d'un scientifique, même la plus humble et la plus minuscule, très souvent le pas en avant n'est pas la réponse à un problème bien posé : c'est la prise de conscience que le problème, pour être résolu, doit être reformulé. Les étudiants qui font leur thèse de doctorat sous ma direction s'étonnent en général qu'après trois ans de travail, le contenu de la thèse n'est *pas* la solution du problème posé au départ. Mais si le problème avait été bien posé au départ, il n'aurait pas fallu trois ans pour le résoudre.

Encore une fois, la force de la science n'est pas sa liberté de considérer des théories alternatives, pour donner un sens aux données de l'expérience, dans le cadre de règles de pensée claires. C'est le contraire, c'est sa capacité à s'appuyer sur les théories existantes, c'est-à-dire sur le savoir accumulé dans le passé; sa capacité à revoir sans cesse ce savoir, à le modifier sans cesse, sans en considérer aucun aspect comme certain ou immuable, pas même ses fondements apparemment les plus solides.

L'une des conséquences de ce point de vue est que cette incommensurabilité entre théories scientifiques dont parle la philosophie des sciences contemporaine n'existe pas. Les théories, leurs succès, leurs approximations et leurs erreurs se traduisent très bien les unes dans les autres. La découverte de Copernic que la Terre tourne autour du soleil reste valide dans les schémas conceptuels newtonien et einsteinien. Chaque fois, la découverte est traduite, et réexprimée dans le nouveau langage. Ce nouveau langage peut être très différent de celui de Copernic, il n'en reste pas moins que la découverte est parfaitement reconnaissable, et à vrai dire constitue l'un des *ingrédients* clés de la construction des nouveaux schémas conceptuels.

L'illustration la plus évidente de cette continuité est peut-être justement donnée par la révolution copernicienne : prototype de révolution scientifique, et de réorganisation conceptuelle. L'*Almageste* de Ptolémée et le *De Revolutionibus* de Copernic sont deux des plus beaux livres de science jamais écrits. Entre l'un et l'autre, le monde bascule : dans l'un, il y a la Terre et le Ciel. Une catégorie qui inclut tous les objets quotidiens et la Terre sur laquelle nous marchons, et une autre qui met ensemble le Lune, le Soleil, les étoiles et les planètes. Dans l'autre, le Soleil est dans une catégorie, Mercure, Vénus, la Terre, Mars, Jupiter et Saturne dans une autre, et la Lune toute seule dans une troisième. Dans l'un, nous sommes immobiles. Dans l'autre, nous sommes sur une toupie qui voyage à quarante kilomètres par seconde. Peut-on imaginer saut conceptuel plus formidable ? Peut-on parler de structures intellectuelles plus différentes ? Bien, ouvrons les deux livres. Comme je l'ai déjà observé, le livre de Copernic semble presque une réédition corrigée du livre de Ptolémée ! Même langage, même mathématique, mêmes épicycles, mêmes déférents, mêmes tables de fonctions trigonométriques, même minutie mêlée d'inspiration grandiose; tout est extraordinairement identique, et très différent de tout ce qui a été écrit avant et après eux. Ptolémée et Copernic ne se situent pas de part et d'autre d'une barrière d'incommunicabilité; ils ne sont pas engagés dans deux programmes de recherche différents. Ils font profondément partie du même programme de recherche. S'il y en a deux qui se comprennent, c'est bien ces deux-là. On croirait deux amoureux.

La science n'avance donc pas en repartant à zéro. Elle avance par petits pas. Les changements peuvent affecter des questions fondamentales. Nous pouvons changer le mât du bateau. Ou même la quille. Mais nous ne construisons jamais un nouveau bateau. Nous retapons à l'infini le seul bateau que nous ayons; le bateau de notre compréhension du monde – notre unique instrument pour naviguer sur l'infinie surprise du réel. Au cours des siècles, le bateau devient méconnaissable : entre les roues qui portent les étoiles d'Anaximandre et l'espace-temps d'Einstein, beaucoup d'eau est passée sous la quille. Mais personne n'est reparti à zéro en proposant une structure conceptuelle complètement neuve. Pourquoi ? Parce que nous n'en sommes pas capables. Parce que nous ne sortons pas de notre pensée. La pensée se transforme de l'intérieur, pas à pas, dans une confrontation serrée et constante avec ce vers quoi notre pensée est tout entière tendue : la réalité. Mais l'espace des pensées pensables est illimité, et nous n'en avons exploré qu'une minuscule parcelle. Le monde est face à nous, tout entier à découvrir.

6. Éloge de l'incertitude

Nous revenons finalement à la question initiale. S'il ne cesse de se transformer, pourquoi le savoir scientifique est-il digne de foi ? Si demain nous penserons le monde différemment de Newton ou d'Einstein, pourquoi prendre au sérieux la description scientifique actuelle du monde ?

La réponse est extrêmement simple : parce que, à chaque moment de notre histoire, cette description du monde est la *meilleure* dont nous disposons. Qu'elle soit elle-même susceptible d'améliorations n'enlève rien au fait que c'est un instrument aiguisé pour comprendre et penser le monde. Personne ne jette un couteau parce qu'un couteau plus aiguisé pourrait peut-être exister.

En fait, loin d'en affecter la fiabilité, l'aspect évolutif de la science est précisément la raison de sa fiabilité. Les réponses scientifiques ne sont pas définitives mais ce sont, presque par définition, *les meilleures réponses dont nous disposons aujourd'hui.*

Je ne sais pas si soigner cette maladie par l'herbe utilisée par ce sorcier est une pratique « scientifique »; mais à l'instant où l'efficacité de cette herbe apparaît bien établie, cette herbe devient immédiatement un remède « scientifique » pour cette maladie. C'est en effet l'origine de nombreux médicaments utilisés communément par la « médecine scientifique ». Le nom de Newton a été synonyme de science pendant trois siècles. Mais quand Einstein trouva une façon de penser différente de celle de Newton, personne n'a interprété cette avancée comme la déconfiture de la science. Tout simplement, Einstein est apparu comme un scientifique qui a vu plus loin que Newton.

La science offre les meilleures réponses justement parce qu'elle ne considère *pas* ses réponses comme certainement vraies; c'est pourquoi elle est toujours capable d'apprendre, de recevoir de nouvelles idées*.

En d'autres mots, la science est la découverte que le secret de la connaissance est tout simplement d'être prêt à apprendre. Ne pas croire que nous avons atteint la vérité dernière. La fiabilité de la science ne repose pas sur la certitude, mais sur une absence radicale de certitude. Sur sa capacité à accepter la critique. Comme l'écrit en 1859 John Stuart Mill dans *On liberty* [Mill 2002].

> *Nos convictions les plus justifiées ne reposent sur d'autres garde-fous qu'une invitation permanente à tous de les démontrer infondées.*

* L'incompréhension de cet argument nourrit l'anti-scientisme contemporain. Par exemple, la législation de différents états américains impose que la théorie de Darwin ne soit pas présentée dans les écoles publiques, ou qu'elle soit présentée sur le même plan que le créationnisme biblique, selon lequel le monde a été créé il y a six mille ans, exactement tel qu'il est aujourd'hui, avec les fossiles imprimés dans la roche. Des tentatives similaires furent menées récemment en Italie. L'argument des partisans de ces lois est le fait que « la science n'est pas sûre de ses propres thèses ». L'équivoque réside dans la confusion entre la déclaration qu'une théorie est définitive, et l'observation qu'elle est meilleure qu'une autre. Je ne sais pas si ce poulain est le plus rapide du monde, mais c'est un fait qu'il court plus vite que cet âne. Nous ne sommes pas sûrs que la théorie de Darwin épuise toute l'histoire du vivant, mais nous pouvons affirmer sans l'ombre d'un doute qu'elle le fait infiniment mieux que le créationnisme biblique. De *cela*, nous sommes certains.

La science n'est pas si différente du sens commun. Elle s'efforce, avec des instruments plus fins, de satisfaire à la même nécessité : apprendre à évoluer dans le monde. Sa stratégie est la même – constamment mettre à jour nos schémas mentaux. Quand j'arrive dans une nouvelle ville, je m'en fais rapidement une idée approximative. Si je m'y installe, mon image mentale de la ville continue à s'enrichir et à s'approfondir, et je m'aperçois que certaines de mes premières impressions étaient erronées. Et aussi, sans doute, que je n'aurai jamais fini d'apprendre à mieux connaître ma ville. Savoir qu'il existe en principe une meilleure carte de la ville n'enlève rien à la valeur de celle que je possède *aujourd'hui*. Ce processus d'acquisition de la connaissance est aussi celui qui guide la science. L'humanité est dans cet univers comme l'étranger dans une ville encore inconnue.

***

L'observation pure, que Bacon voulait placer à la base de sa nouvelle religion de la science, comme fondement certain de tout savoir, n'existe pas. De même que n'existe pas la raison pure que Descartes tenait pour garantie de toute certitude. L'empirisme de Bacon comme le rationalisme de Descartes avaient un objectif polémique : substituer un nouveau critère de vérité à la Tradition, sur laquelle reposait la sagesse médiévale. Leurs philosophies, explosives, libératoires, ont brisé les chaînes qui attachaient le savoir à la Tradition, libéré la critique et ouvert les portes de la modernité.

Mais aujourd'hui nous savons que si les observations et la raison sont nos meilleurs outils pour connaître, ni l'observation ni la raison ne peuvent fonder un savoir certain. Il n'existe pas de donné empirique pur, parce que toute perception est profondément structurée pas notre cerveau, notre pensée et nos préjugés. Pas plus qu'il n'existe de procédure de reconstruction rationnelle absolue qui nous permette de fonder des certitudes, parce que nous ne pouvons pas nous passer d'hypothèses multiples et complexes. Si nous le faisons, nous ne pensons plus. Il n'existe pas de méthode certaine pour toujours trouver la vérité : nous finissons toujours par nous tromper. Ce qu'a montré la pensée critique libérée par Bacon et Descartes est précisément que les observations reposent toujours sur une immense structure conceptuelle préexistante, et que les hypothèses de la raison les plus évidentes (les « idées claires et distinctes ») peuvent être fausses. Les unes et les autres ne peuvent exister que sur un savoir déjà largement structuré, et déjà plein d'erreurs.

Il n'existe donc aucune base certaine et indubitable sur laquelle fonder notre savoir. Chaque fois que nous avons succombé à l'illusion d'avoir entre les mains la théorie scientifique définitive sur le monde, le bout de l'écheveau nous permettant enfin de fonder la certitude de la connaissance, chaque fois nous nous sommes trouvés penauds.

Cela vaut pour l'idée même de réalité. Se replier sur un idéalisme qui nie l'existence de la réalité pour tout réduire à la pensée est inutile, car notre pensée est malgré tout pensée *de* la réalité. C'est le propre de notre pensée et de notre langage de se référer à quelque chose d'externe : au monde, à la réalité. Sur quoi d'autre porte notre savoir, sinon sur la réalité ? Tout ce que nous savons : c'est cela, la réalité. Nous savons énormément : nous savons tout ce que nous avons appris jusqu'ici. La réalité est cette chose dont nous savons tant, mais qui continue à nous surprendre, et dont nous imaginons qu'il reste tant à découvrir, et peut-être des aspects que nous ne découvrirons jamais. La réalité continue à se révéler très différente de ce que nous pensons. Aussi bien lorsqu'elle confirme l'image que nous avons que lorsqu'elle la contredit, elle continue à se révéler. C'est cette réalité qui nous préoccupe et qui nous intéresse. Faire référence à une absolue « réalité ultime » inconnaissable dont notre connaissance « nous approcherait » est inutile, parce que de cette hypothétique « réalité ultime », nous ne savons rien.

***

Le processus continue. La science continue à explorer et proposer de nouvelles visions du monde, qui seront lentement testées par la critique et l'expérience. Elle avance sur tous les fronts. Il y a des programmes de recherche en compétition qui explorent toutes sortes de directions; et chaque programme de recherche est une composition de programmes de recherche en compétition, et chaque matinée de travail d'un scientifique est une compétition de microprogrammes de recherche qui se rencontrent dans la tête, prévalent l'un sur l'autre, croissent, reculent, etc. Les bonnes idées sont celles qui survivent à ce processus. Les grandes constructions théoriques sont améliorées, parfois subverties à la racine. On continue à explorer l'espace illimité et virtuellement infini du pensable.

Dans la théorie de la gravité quantique sur laquelle je travaille, le temps n'existe pas au niveau fondamental : il n'acquiert de réalité que dans des situations particulières. (J'ai proposé en 1994 l'hypothèse que l'illusion du flot du temps serait le reflet de notre ignorance de l'état exact du monde microscopique.) Cette disparition du temps résulte inéluctablement des théories d'Einstein et Heisenberg, si nous les prenons au sérieux – comme Einstein a pris au sérieux Galilée et Faraday. Si cette déduction, profondément conservatrice, est correcte, le saut conceptuel que nous devons faire à présent pour combiner les théories d'Einstein et de Heisenberg est radical. Il doit subvertir la formulation fondamentale du problème de la compréhension du monde donnée par Anaximandre : trouver les lois qui le régissent,

> *« en conformité avec l'ordre du temps ».*

L'hypothèse alternative est que les lois du monde gouvernent les *relations* entre ses différents aspects, et c'est seulement dans des conditions particulières que ces relations prennent la forme d'évolution dans le temps. S'il en va bien ainsi, nous devons changer quelque chose y compris dans le programme d'Anaximandre : nous devons oublier le *temps* comme structure fondamentale pour organiser notre compréhension du monde. Et si nous réussissons à contredire Anaximandre si profondément, nous lui faisons le plus grand honneur qui soit, celui d'avoir enfin assimilé son plus grand enseignement : suivre la voie de Thalès, mais comprendre que Thalès s'était trompé.

L'anti-scientisme qui déferle aujourd'hui s'en prend à une image de la science faite de certitudes, d'arrogance, de froid technicisme. C'est curieux. Peu d'activités intellectuelles humaines sont autant que la science intrinsèquement conscientes des limites de la connaissance, et en même temps aussi brûlantes de passion visionnaire.

À chaque pas, un nouveau monde se dessine. La Terre n'est pas le centre de l'univers, l'espace-temps est courbe; nous sommes cousins des coccinelles; le monde n'est pas fait du haut et du bas, du ciel et de la Terre. Comme dans les mots sublimes d'Hippolyte :

But all the story of the night told over,
And all their minds transfigur'd so together,
More witnesseth than fancy's images,
And grows to something of great consistency;
But, howsoever, strange and admirable.

Oui, mais tout le récit qu'ils nous ont fait de cette nuit,
de la transfiguration simultanée de toutes leurs âmes,
est plus convaincant que de fantastiques visions;
il a le caractère d'une grande consistance,
tout étrange et tout merveilleux qu'il est.

[Shakespeare, *Le songe d'une nuit d'été*, V, 1] *

Je pense que l'erreur commune est d'avoir peur de cette fluidité et de chercher la certitude absolue. Chercher le fondement, le point fixe où s'épancherait notre inquiétude. Cette quête est naïve, et contre-productive pour la recherche de la connaissance.

La science est l'aventure humaine qui consiste à explorer les modes de pensée du monde, prête à subvertir certaines des certitudes que nous avions jusqu'ici. C'est l'une des plus belles aventures humaines.

* Traduction F. V. Hugo.

9
Entre relativisme culturel et pensée de l'absolu

Le paradoxe vital de notre vie et de notre pensée
est que nous n'agissons et ne voyons qu'à l'intérieur d'un contexte;
et nous cessons de voir et de comprendre dès l'instant
où nous cessons de lutter contre les limitations
que ce contexte nous impose.

ROBERTO UNGER [2007]

L'expérience nous a prouvé que non seulement les jugements esthétiques et éthiques, mais aussi les jugements de vérité, et parfois la notion même de vérité, diffèrent en général d'une culture à l'autre. Ce fait nous a conduits à mesurer la difficulté de toute évaluation d'idées et de jugements inscrits dans des systèmes de valeurs ou des systèmes de vérité géographiquement ou temporellement distants.

Cette conscience de la relativité des systèmes de valeurs et de la contingence des jugements influence aujourd'hui de nombreuses études historiques et culturelles. Elle nous aide à nous laver un peu de notre provincialisme naturel. Elle permet aussi de rectifier notre vision déformée par l'impérialisme européen dont nous sommes les fils, qui nous porte à croire que le point de vue occidental est le seul raisonnable. Elle nous aide à comprendre que ce qui est vrai, beau et juste pour nous ne l'est pas forcément pour les autres. Si la science elle-même ne peut nous offrir de certitudes, nous serions vraiment obtus de prendre pour de l'or fin ce que nous sommes les seuls à croire vrai.

Saine et importante, cette conscience de l'autre est toutefois parfois caricaturée en une relativisation complète de toutes les valeurs : la conclusion que toutes les opinions sont également vraies; que tous les jugements éthiques et moraux doivent être considérés comme équivalents; que parler de tort et de raison, ou parler de « vérité », n'a aucun sens. Ce relativisme culturel radical est à la mode aujourd'hui : il est répandu dans le public cultivé de plusieurs pays et domine la scène culturelle de certaines grandes universités américaines. C'est en référence à ces idées, par exemple, que l'anti-darwinisme est défendu aux États-Unis : puisqu'il n'y a pas de critère universel de vérité, il n'y a aucune base pour ne pas considérer l'opinion que le monde a été créé il y a six mille ans comme aussi légitime que la théorie de Darwin; que donc il faut enseigner les deux points de vue sur un pied d'égalité dans toutes les écoles du pays. Ce relativisme caricatural est la conséquence d'une équivoque profonde.

Prendre au sérieux des idées différentes des nôtres ne revient pas à affirmer que toutes les idées sont égales. Reconnaître que nous pouvons avoir tort ne signifie pas que les notions de tort et de raison n'ont pas de sens. Se rendre compte qu'un jugement ne se forme qu'au sein d'un environnement culturel complexe, et qu'il est lié à beaucoup d'autres jugements implicites, n'implique absolument pas que nous ne pouvons pas nous rendre compte que nous sommes dans l'erreur.

Plus profondément, le problème central de ce relativisme culturel radical est qu'il se contredit lui-même. Certes, il n'existe pas de valeurs de vérité absolues, a-historiques et a-culturelles. Aucun discours n'est hors de sa culture et de ses systèmes de valeurs et de vérité. Mais, précisément pour cette raison, nous sommes toujours à l'intérieur d'un système culturel, et à l'intérieur de ce système, nous ne pouvons pas nous passer de choix et de jugements. Celui qui s'efforce de nier le sens de ces choix, d'où parle-t-il ? Se place-t-il hors de la culture, pour annoncer qu'il est impossible de se tenir hors de la culture ? Hors de l'Histoire, pour annoncer qu'il est impossible de se tenir hors de l'Histoire ? N'exprime-t-il pas lui-même un jugement de valeur ou de vérité, un jugement qui donc, à l'en croire, n'a qu'une valeur relative ?

Rien n'y fait, nous sommes *toujours* plongés dans une culture, dont il est *impossible* de sortir. À l'intérieur de cette culture, la structure de pensée dans laquelle nous sommes plongés est profondément imprégnée de jugements. Il ne pourrait en être autrement, parce que penser, c'est juger. Vivre, c'est décider, à tout moment. Il n'existe pas de notion de vérité hors de notre univers de discours, et c'est justement pourquoi nous ne pouvons que rester à l'intérieur d'un système et pourquoi nous ne pouvons nous passer de la notion de vérité. Nous pensons et parlons toujours et uniquement en termes de cette notion, même quand nous essayons de la nier.

D'autre part, ceci n'implique pas que nous devrions supposer que *nos* critères esthétiques, éthiques et de vérité soient absolus et universels, ou qu'ils soient les meilleurs. Et cela n'implique pas que nous devrions les préférer aux variantes que les autres cultures, ou la nature elle-même, ou l'évolution interne de notre pensée, nous proposent. Pourquoi ? Parce que c'est un aspect structurel de notre univers linguistique que d'être ouvert à la rencontre avec d'autres univers linguistiques. Les différentes cultures ne sont pas des bulles séparées, ce sont des vases communicants.

Elles peuvent être différentes, mais différence ne signifie pas incommunicabilité. Difficulté à traduire ne signifie pas impossibilité de s'influencer mutuellement, profondément. Faire nécessairement partie d'une culture ne signifie pas être incapable de parler avec une autre culture. Au contraire, dialoguer avec l'autre, que ce soit la nature elle-même, une autre culture, ou un grand-prêtre égyptien qui nous montre une longue rangée de statues, est la caractéristique *essentielle* du discours humain. Les différences ne se regardent pas en silence : elles s'influencent, se confrontent, se défient, et par leur rencontre se modifient et modifient leurs propres critères de vérité. Le relativisme culturel est une idiotie a-historique qui rend sourd à la dialectique vivante des cultures.

La diversité des jugements entre cultures est exactement du même genre que la diversité des opinions entre groupes ou entre individus au sein d'une même culture. Elle est du même genre que la diversité des pensées et opinions qui nous passent par la tête : quand nous sommes incertains, nous évaluons différentes opinions, et nous choisissons. La pensée humaine n'est pas faite de cages culturelles statiques et séparées; c'est un mélange perpétuel, sur tous les plans, à toutes les échelles; une confrontation perpétuelle avec d'autres pensées et avec cet extérieur que nous appelons « la réalité ».

Certes, nous pouvons pour un moment déclarer que tout est égal, que la réalité n'est qu'un rêve. C'est très bien, cela nous fait sourire comme Bouddha; mais ensuite, si nous choisissons de continuer à vivre dans la réalité, nous ne pouvons que nous remettre en jeu, comprendre et *choisir*. Nous pouvons ce faisant continuer à sourire, mais nous ne continuons pas moins à nous mettre en jeu, à comprendre et à décider.

Nous *croyons* à nos jugements de vérité, nous sommes *fidèles* à nos engagements éthiques et nous *choisissons* sur la base de nos critères esthétiques, et nous faisons cela non par choix ou par idéologie, mais simplement parce que juger et choisir est la même chose que penser et vivre. Nous le faisons de l'intérieur d'un système de pensée commun, riche, hétéroclite et très diversifié, y compris au sein d'une même culture, y compris dans notre propre tête. Ces jugements évoluent, croissent, se rencontrent et s'influencent : ils se nourrissent des autres jugements.

Le fait que le sacrifice de fillettes aux dieux ait été considéré un temps comme une chose juste et bonne ne contredit pas la possibilité de considérer aujourd'hui cet acte comme quelque chose de barbare. La conscience de la variabilité historique et culturelle du jugement ne dispense pas de juger. Elle nous rend juste plus intelligents et plus ouverts, et nous permet de mieux juger ce que nous devons juger.

***

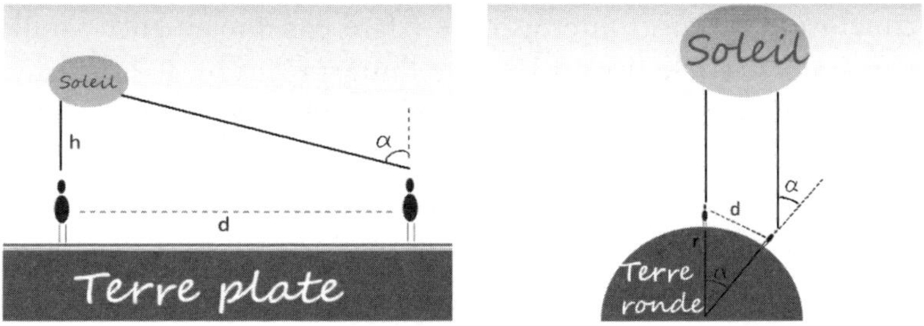

Figure 18

La hauteur du soleil varie avec la latitude. À droite, l'interprétation d'Ératosthène : le soleil est très lointain et la variation de la hauteur du soleil est due à la rotondité de la Terre; en la mesurant, il est facile de déduire le rayon (r) de la Terre. À gauche, l'interprétation chinoise : la Terre est plate et la variation est due à la faible distance du soleil; en la mesurant, on mesure cette distance (h), qui est très faible.

Je voudrais donner un exemple parmi mille de la confusion qui règne sur ce point. Un exemple ayant à voir avec l'histoire de la pensée scientifique dont il est question dans ces pages.

J'ai lu récemment un très bel article confrontant deux mesures assez similaires, faites dans deux civilisations différentes [Raphals 2002]. La première est la célèbre mesure de la variation avec la latitude de la hauteur du Soleil sur l'horizon, effectuée par Ératosthène au IIIe siècle avant J.-C. L'objectif d'Ératosthène était d'estimer la taille de la Terre. Le résultat fut une valeur du rayon de la Terre étonnamment voisine de celle que nous trouvons dans les livres de géographie astronomique d'aujourd'hui. La seconde est la même mesure faite en Chine plus ou moins à la même période, mais avec un objectif différent : dans le cadre d'une cosmologie où la Terre est plate, les astronomes chinois déduisirent de cette mesure une estimation de la hauteur du Soleil dans le ciel. Le résultat fut que le Soleil est très près de la Terre, à seulement quelques milliers de kilomètres, et est donc très petit (voir la *figure 18*).

L'article est fascinant, et nous apprend énormément sur les analogies et différences entre deux mondes lointains : entre deux très grandes civilisations de notre petite planète. Parvenu à la conclusion, je suis toutefois resté effaré par une absence : nulle part dans l'article il n'est dit que l'interprétation de la mesure faite par Ératosthène est *correcte*, et a conduit l'Occident à connaître pour toujours la forme *correcte* et la dimension *correcte* de la Terre. Alors que l'interprétation de la même mesure par les astronomes chinois est *fausse* et n'a fait que renforcer une erreur capitale qui a miné en profondeur le développement de la science chinoise. J'ai la chance d'avoir pu rencontrer l'auteure de l'article, et de lui demander directement ce qu'elle pensait de cette différence.

La réponse fut qu'elle ne comprenait pas ma question. Elle m'a expliqué que mon point de vue était incorrect, parce que les valeurs de vérité du savoir sur la forme de la Terre ou sur la distance du Soleil ne peuvent être jugées qu'au sein du système de vérité des civilisations respectives, et qu'il n'y a aucun sens à parler de « correct » ou « erroné » dans ce contexte. Cette attitude révèle, à mon avis, une incompréhension profonde d'un point fondamental. Certainement, la valeur de vérité existe à l'intérieur du système de croyances des civilisations respectives. En l'occurrence, la différence existe, et elle est majeure, comme le montre le fait suivant. Quand les astronomes occidentaux ont eu connaissance du résultat chinois, ils ont répondu, sur la base de leur *propre* système de croyances, avec un sourire. Quand au XVIe siècle le jésuite Matteo Ricci apporta en Chine le savoir de l'astronomie grecque et européenne, les astronomes chinois, dès qu'ils eurent pris conscience du résultat européen, ont, sur la base de leur *propre* système de croyances, *immédiatement* changé leur vision du monde, reconnaissant la vision occidentale comme *meilleure**. C'est cette différence que le regard non scientifique de l'auteure peine

* Bien avant le colonialisme européen en Extrême-Orient. Ricci est mort en 1610.

à saisir. Cette différence montre que, dans un sens précis, l'interprétation de la mesure faite par Ératosthène est de très loin plus « juste » que celle des astronomes chinois.

Les systèmes de valeurs et systèmes de croyances humains ne sont pas imperméables. Ils se parlent, et le dialogue détermine, sinon immédiatement, du moins au cours du temps, qui a raison et qui a tort. Ou alors ils se confrontent à la « réalité des faits », et cette confrontation conforte une position et en affaiblit une autre, et ceci bien que la « réalité des faits » soit filtrée, interprétée dans un système de pensée complexe. Celui qui veut croire que la Terre est plate, parce que son système de croyances est ainsi fait, doit expliquer pourquoi le bateau de Ferdinand Magellan est parti vers l'ouest et est revenu de l'est.

Utiliser la confrontation entre deux mesures astronomiques pour étudier les similarités et les différences entre deux civilisations, en choisissant d'*ignorer* la différence capitale que l'un des résultats est juste et l'autre non, ne signifie pas mieux comprendre ces similarités et ces différences : cela signifie fermer les yeux sur un aspect de la différence entre les deux civilisations d'une portée immense.

La Chine d'aujourd'hui redevient lentement ce qu'elle fut pendant la plus grande partie des cinquante siècles de civilisation humaine : la plus grande puissance de la planète. Je ne sais pas si elle réussira, ni à quoi ressemblera une éventuelle civilisation future dominée par la Chine. Mais, sauf catastrophe majeure, je sais avec certitude que dans cette civilisation la Chine n'affirmera pas la supériorité de l'image du monde de la partie gauche de la *figure 18*.

***

C'est une chose que d'être conscient de la *difficulté* des traductions et des confrontations. C'en est une autre, très différente, que de réfuter toute tentative de traduction et de confrontation : d'ouverture mentale, cela devient fermeture mentale. Ce qui caractérise l'incroyable variété des cultures humaines n'est pas leur différence, mais leur extraordinaire capacité à communiquer entre elles. Les anthropologues qui nous racontent les étrangetés des cultures « sauvages », comment ont-ils appris ces étrangetés ?

Après quelques dizaines de millénaires de séparation culturelle, les Indiens d'Amérique et les Espagnols ont appris à se parler en un instant et presque sans difficulté. Certes, il y eut équivoques et incompréhensions, et la ruine des cultures précolombiennes, mais si les cultures étaient aussi imperméables qu'on le soutient souvent, comment ont fait les Espagnols et les Indiens pour se parler, commercer, faire des fils, stabiliser des alliances militaires, entretenir des alliances économiques, échanger et mélanger leurs religions, etc. ? Je trouve extraordinaire que ces hommes et ces femmes, restés pendant des dizaines de millénaires loin de toute influence eurasiatique, ressemblent à ce point aux eurasiatiques. Le grand Inca avait des manières très similaires à l'empereur de Chine. N'est-ce pas cela qui est surprenant, plutôt que notre difficulté à comprendre exactement ce qu'était le Grand Esprit des Sioux ? Les cultures se parlent, s'influencent, échangent sans cesse non seulement des flèches et des boulets de canon, mais aussi, grâce au ciel, valeurs, idées et connaissances, exactement comme le font les individus et les groupes au sein de chaque culture.

Pour valoriser la richesse des cultures de la Terre nous ne devons pas les défendre : nous devons les mélanger. Dans cet échange, les connaissances se confrontent et s'évaluent, de même que les valeurs se confrontent et se jugent.

Si nous avons beaucoup à apprendre quant au respect de la nature et des équilibres écologiques d'une population indigène d'Australie, ou de la sagesse bouddhiste sur la façon d'affronter la vie, nous ne devons pas pour autant approuver respectueusement que dans une tribu africaine on coupe le clitoris des jeunes filles. Nous pouvons avoir un respect profond pour la culture de nos voisins de palier venus de très loin, et découvrir que nous avons beaucoup à apprendre d'eux; mais ce n'est pas pour cela que nous devons hésiter à condamner le père s'il bat la fille. Il n'y a aucune contradiction dans cette attitude : c'est exactement l'attitude que nous avons à l'égard de nos compatriotes que nous respectons le plus : nous sommes prêts à apprendre d'eux, mais aussi à les condamner si nécessaire. La question n'est pas de choisir *a priori* si nous devons réfuter, ou accepter, l'altérité : le problème est d'utiliser notre raison pour articuler confrontation, dialogue et décision.

***

Aujourd'hui le processus de mélange des cultures est très vif. Nous sommes les témoins de la naissance d'une civilisation commune, qui se forme à la confluence de nombreuses cultures et s'enrichit des contributions des pays les plus différents. L'éducation des jeunes Indiens, Chinois, Américains, Français ou Brésiliens est chaque jour plus similaire, plus riche et plus variée. Nos fils grandissent avec une vision du monde incomparablement plus vaste que celle de nos pères. La rencontre engendre de pernicieuses résistances identitaires, dont les effets désastreux sautent aux yeux de tous; mais aussi de splendides possibilités, pourvu que la bêtise humaine ne réduise pas tout en identité, séparation, conflit et guerre.

Au cours des siècles de colonialisme européen, l'Occident avait développé un très fort sentiment de supériorité, avec des tonalités qui, jusqu'à 1945, en Angleterre et en France autant qu'en Italie et en Allemagne, frisaient le racisme ostensible envers le reste du monde*. La fin du colonialisme européen, et l'affaiblissement notable de l'Occident† ont fort heureusement beaucoup affaibli ce stupide sentiment de supériorité.

Mais avec l'affaiblissement de son sentiment de supériorité, l'Occident doute de lui, de la force de sa Raison et de la valeur de son humanisme. Le contact accru avec les autres cultures, de

* Je crois que le racisme antisémite nazi (et fasciste) a fait scandale en Europe aussi et surtout parce qu'à la différence du racisme européen diffus d'avant-guerre, il était dirigé *contre des Européens*. L'ampleur des crimes racistes allemands contre les Juifs est sans aucun doute l'une des plus grandes hontes de l'humanité. Mais les crimes racistes d'autres Européens contre d'innombrables autres peuples, dont beaucoup *ont été* exterminés, ne sont pas moins odieux.

† Aujourd'hui la superpuissance américaine et avec elle l'ex-superpuissance anglaise ne réussissent même pas à imposer leur volonté de façon nette (comme le faisaient aisément les puissances coloniales) dans des pays mineurs comme l'Irak ou l'Afghanistan.

l'Inde à la Chine, des Indiens d'Amérique aux autochtones australiens, nous dévoile chaque jour de plus près d'autres valeurs et d'autres jugements, et contribue à l'angoisse de l'Occident.

Il y a beaucoup de confusion dans toute cette histoire. S'accrocher à la défense orgueilleuse de sa propre supériorité est aussi stupide que penser que nous devons accepter de façon acritique toutes les vérités comme égales, toutes les valeurs comme égales ; que cela n'a aucun sens de mettre en jeu, confronter et choisir. Le problème n'est pas de décider qui est le meilleur : c'est de tirer avantage de la richesse de la diversité. Accepter le dialogue pour être prêts à apprendre autant qu'à enseigner.

Reconnaître la valeur des autres civilisations, sortir de la bêtise du racisme et du sentiment de supériorité, ne signifie pas que nous devons méconnaître les contributions fondamentales que les différentes civilisations, y compris notre propre civilisation occidentale, apportent au monde. Si l'Occident apprend aujourd'hui du monde (comme du reste il l'a toujours fait), il est également le dépositaire d'un immense héritage culturel qu'il continue d'apporter.

L'une des racines de cet immense héritage culturel est la pensée grecque.

Au cours de l'histoire de l'Occident, les multiples réalisations culturelles de la Grèce classique ont été l'objet de glorifications triomphalistes. Certains de mes lecteurs se souviendront de la pompe grandiloquente du professeur de lycée amoureux d'hellénisme. La glorification de la Grèce classique a souvent été liée à une célébration de la supposée supériorité européenne mal dissimulée. La bêtise de cette attitude est évidente (inutile en particulier de rappeler que Milet est en Asie et Alexandrie en Afrique) et grâce au ciel nous commençons à en sortir. Mais la réaction contre ce triomphalisme et cette appropriation indue de la Grèce classique par une partie de l'Europe a également généré un sentiment diffus de gêne envers toute reconnaissance des réalisations culturelles du monde grec, et une extrême réticence à en reconnaître la portée, non seulement pour l'Occident, mais pour le monde entier.

Je ne crois pas que, comme l'écrit Maurice Godelier [1974], « ce qui naît en Grèce n'est pas la civilisation, mais seulement l'Occident ». Non, l'Occident ne naît pas en Grèce : il naît de la combinaison d'innombrables influences, grecques, égyptiennes, mésopotamiennes, gauloises, germaniques, sémites, arabes... Ce qui naît en Grèce est quelque chose d'universel; de la même manière que le premier Africain qui a allumé un feu a produit quelque chose qui n'est pas la civilisation africaine : c'est un héritage commun pour l'humanité. L'héritage grec s'est diffusé dans tous le Moyen-Orient, et a eu une influence significative sur l'Inde et sur l'Europe. L'Europe moderne a su en retrouver et en renouveler certains bourgeons, les faire fleurir et les transmettre, mêlés à diverses contributions originales, au monde entier. Le fait que cette ultime transmission ait été véhiculée par l'odieuse aventure coloniale ne diminue en rien la valeur de cet héritage – un fait que curieusement les nations extra-européennes semblent savoir beaucoup plus clairement que les peuples d'Europe.

C'est le jeu infini de la rencontre et du mélange des civilisations, au cours duquel se développe notre savoir, et se poursuit l'aventure humaine.

***

Enfin, la confusion entre accepter la possibilité que des opinions différentes puissent être meilleures que la nôtre, et considérer que toutes les opinions sont équivalentes, nourrit une autre équivoque importante, diamétralement opposée au relativisme culturel évoqué plus haut.

L'équivoque est de penser que l'unique défense contre la perte de toutes les valeurs est la restauration d'une pensée absolue de la Vérité, qui ne peut pas être mise en discussion. Cette thèse est aujourd'hui défendue avec beaucoup d'insistance, en particulier par les pays où subsiste une puissante caste sacerdotale, comme par exemple l'Iran et l'Italie.

La thèse consiste à soutenir que ce n'est qu'en nous fiant à la Vérité, Unique et Absolue, que nous pouvons nous « sauver du relativisme culturel », dans lequel tous les points de vue deviennent égaux, toutes les valeurs sont perdues, et où il n'est plus possible de distinguer le vrai du faux. Pour se protéger de cette dérive relativiste, il serait nécessaire de défendre l'infaillibilité de la Vérité que nous connaissons déjà.

Évidemment la Vérité s'identifie ensuite avec la vérité particulière de celui qui propose cette thèse. En Iran c'est la vérité des Ayatollah, en Italie c'est celle du Vatican, et ainsi de suite.

Celui qui défend cette thèse ne voit pas qu'entre la certitude de sa *propre* vérité et l'équivalence de tous les points de vue, il existe une troisième voie : celle de la discussion et de la critique. Pour accepter la critique, il faut avoir l'humilité d'accepter que ce qui semble vrai aujourd'hui puisse s'avérer faux demain. Souvent les hommes s'agrippent à leurs certitudes parce qu'ils ont *peur* qu'elles puissent être fausses. Mais une certitude qui n'accepte pas d'être mise en discussion n'est pas une certitude solide. Les certitudes solides sont celles qui acceptent d'être mises en discussion, et qui y survivent.

Certes, pour avancer sur cette voie il faut avoir foi dans l'homme, croire qu'il est essentiellement raisonnable, et croire en son essentielle honnêteté dans la recherche de la vérité. Cette foi en l'homme caractérise l'humanisme lumineux des cités grecques du VIe siècle, et elle est à la racine de l'extraordinaire floraison intellectuelle et culturelle des siècles suivants, qui à son tour nourrit à la racine notre monde contemporain.

Mais cette foi dans l'homme n'est pas toujours avec nous. De nombreuses voix s'élèvent contre elle :

> *Maudit soit l'homme qui se confie dans l'homme, [...]*
> *Il est comme un misérable dans le désert [...]*
> *Une terre salée et sans habitants [...]*

[*Jérémie*, 17, 5-6]

Le conflit entre ces deux attitudes est vieux comme le monde. Et cette considération nous conduit vers le dernier argument de ce petit livre.

10
Peut-on comprendre le monde sans les dieux ?

Quae bene cognita si teneas, natura videtur
libera continuo dominis privata superbis
ipsa sua per se sponte omnia dis agere expers.

Que ces vérités se gravent bien dans ton esprit,
et la nature aussitôt t'apparaîtra libre,
affranchie de maîtres superbes,
gouvernant elle-même son empire
sans contrainte et sans l'aide des dieux.

[LUCRÈCE, *DE RERUM NATURA*, LIVRE II, 1090] *

Il y a un dernier aspect de la naissance de la pensée scientifique et de la révolution initiée par Anaximandre dont je voudrais parler : un thème délicat, sur lequel je ne fais que quelques observations, je ne pose que quelques questions, dans ces deux chapitres finaux.

Comme je l'ai souligné au chapitre 4, pour ainsi dire *tous* les textes antérieurs à Anaximandre lisent, structurent, interprètent et justifient le monde exclusivement en termes de décisions et d'actes divins. Anaximandre invente quelque chose de nouveau : une lecture du monde où la pluie n'est pas décidée par Zeus mais

* Traduction Henri Clouard, Classiques Garnier, sans date.

causée par la chaleur du soleil et par le vent, et où le cosmos ne naît pas d'une décision divine, mais d'une boule de feu. Il propose d'expliquer le monde, de l'origine du cosmos jusqu'à l'origine des gouttes de pluie, sans faire référence aux dieux. Autrement dit, la nature de la pluie comme l'origine du cosmos deviennent les objets d'une *curiosité* nouvelle, qui porte à en investiguer la relation avec les autres phénomènes naturels, en laissant de côté la sphère divine, jusqu'alors source unique de l'interprétation du monde.

En franchissant ce pas, Anaximandre lance, implicitement, un défi majeur à la pensée religieuse. Nous l'avons vu, l'interprétation naturaliste d'Anaximandre est globale : elle ne recouvre pas seulement les phénomènes météorologiques, mais aussi la cosmologie, la structure géographique du monde et la nature de la vie. Cette interprétation naturaliste heurte profondément la fonction intellectuelle d'unification conceptuelle de la pensée religieuse. Cette fonction est remise en question : pour expliquer le monde, les dieux sont-ils nécessaires, ou pas ? Pour comprendre le monde, faut-il un Dieu, ou pas ?

***

Dans les sources dont nous disposons, nous ne trouvons nulle trace d'une critique explicite de la religion dans le texte d'Anaximandre. Le problème posé par l'école ionienne n'est pas celui de la critique de la religion, ou de la mise en cause de la fonction de la religion au sein de la société humaine. Thalès lui-même, fou de joie d'avoir trouvé la démonstration d'un théorème de géométrie*, aurait sacrifié un taureau à Zeus. Le problème mis sur la table par l'école ionienne est celui de la compréhensibilité du monde, rien d'autre. En d'autres mots, c'est le problème de la connaissance qui est affronté clairement, et dans une formulation qui exclut *complètement* la pertinence du divin.

Certains auteurs, antiques ou modernes, ont pourtant cru pouvoir identifier une forme de religiosité diffuse dans toute

* « Les deux segments (cordes) qui lient les extrémités A et B d'un diamètre du cercle à autre point quelconque P sur le cercle forment entre eux un angle droit. »

l'école milésienne. Aristote, par exemple dans *De anima* (A 5 411 a 7 et A 2 405 a 19) fait l'hypothèse que « Thalès suppose peut-être que toutes les choses sont pleines de dieux ». Je ne crois pas que cette thèse soit correcte, au moins dans son interprétation la plus directe. La crédibilité même de ce témoignage d'Aristote est incertaine, et elle est de toute façon tempérée par ce « peut-être ». Parmi les innombrables qualités d'Aristote, la plus remarquable n'est pas la rigueur philologique à l'égard des auteurs antiques. J'ajoute que cette citation est contredite par sa critique constante des philosophes de l'école ionienne, qu'il appelle les « physiciens », pour avoir cherché l'explication de toutes les choses exclusivement dans un principe de caractère naturaliste – la « physique ».

L'important n'est pas la conception de Thalès et d'Anaximandre de la divinité, ou la proximité de leur lecture du monde de la religiosité antique. Ce qui compte, c'est que leur proposition d'explication du cosmos est radicalement nouvelle, révolutionnaire, parce qu'elle est entièrement formulée en termes naturels, physiques. Elle s'abstient explicitement et absolument de toute référence à la divinité, et ouvre la porte à toute la recherche scientifique ultérieure.

Sur ce point, nous pouvons nous fier à un expert : Saint Augustin.

> *Au lieu de faire venir toutes choses d'un seul principe, tel que l'humide de Thalès, il pensa que chaque chose naît de principes propres. Et ces principes, il en admet une quantité infinie, d'où résultent des mondes innombrables et tout ce qui se produit en chacun d'eux; ces mondes se dissolvent et renaissent pour se maintenir pendant une certaine durée, et il n'est pas non plus nécessaire qu'aucune intelligence divine prenne part à ce travail des choses.*
>
> [Saint Augustin, *La Cité de Dieu*, Livre VIII, chap. 2]*

Augustin n'hésitait pas à chercher des réminiscences de Dieu chez tous les philosophes; il s'efforçait de trouver la présence

* Traduction M. Raulx.

divine jusque dans le savoir païen. S'il est aussi clair vis-à-vis de Thalès et Anaximandre, nous pouvons être sûrs qu'il n'y a *rien* chez eux qui pourrait apparaître consonant avec le religieux*.

La proximité culturelle entre la spéculation milésienne et la pensée antérieure est très forte, et a souvent été soulignée. Par exemple, quand Thalès suppose que tout est fait d'eau, on ne peut pas ne pas entendre l'écho des cosmologies babylonienne, biblique et homérique. Plus généralement, la structure même de la cosmologie d'Anaximandre a été mise en relation avec celle d'Hésiode : la même problématique, la même structure évolutive, des passages similaires... Ces relations sont naturelles : la spéculation milésienne ne naît pas de rien : elle naît de la culture dans laquelle elle est insérée. Mais les similitudes ne doivent pas masquer les différences. Ce qui est intéressant est la différence, pas la similitude. Le texte de Copernic ressemble à celui de Ptolémée, mais il y a une différence... et c'est cette différence qui fait sa valeur. La différence évidente et immense entre les cosmologies précédentes et celles de Thalès et Anaximandre est la disparition complète des dieux. Ni l'Océan de l'*Iliade*, père de tous les dieux, ni le dieu Apsu de l'*Enuma Elish*, ni le Dieu de la Bible qui crée la lumière au-dessus des eaux par un acte linguistique. Il ne reste que l'eau. Et ainsi de suite : aux verbes, aux disputes, aux luttes des dieux se substitue le récit d'une possible évolution autonome du monde.

Même si le divin n'est pas explicitement mis en discussion, l'ensemble du projet cognitif d'Anaximandre est basé sur une prise de position radicale qui consiste à ignorer les dieux†. Même

* Nicola Abbagnano a bien exprimé cette idée : « La thèse, avancée par certains critiques modernes, d'une inspiration mystique de cette philosophie, dont elle aurait tiré sa tendance à considérer l'univers physique dans une perspective anthropomorphique, repose sur des rapprochements arbitraires qui n'ont aucune justification historique [...]. Les philosophes présocratiques ont, pour la première fois, réalisé la réduction de la nature à l'objectivité qui est la première condition de toute considération scientifique de la nature; et cette réduction est exactement l'opposé de la confusion entre la nature et l'homme, qui est le propre du mysticisme religieux. » N. Abbagnano, *Histoire de la philosophie*, I, II, 7.

sans critique explicite du savoir religieux, cette prise de position ne peut pas ne pas déclencher de conflit avec la pensée dominante, qui trouve son fondement dans les dieux.

Le conflit est ouvert, et il aura une longue et douloureuse histoire.

1. Le conflit

La résistance de la pensée mystico-religieuse contre le nouveau naturalisme bientôt s'élève, s'intensifie, et très vite la guerre éclate, qui se poursuivra sous diverses formes au cours de l'histoire de la civilisation occidentale, avec des épisodes extrêmement violents, parfois très brefs, parfois très longs.

Les condamnations pour hérésie commencent à frapper les neveux proches et lointains d'Anaximandre, d'Anaxagore, exilé, jusqu'à Socrate, mis à mort. Rappelons que Socrate est condamné à boire la ciguë sous l'accusation de corruption de la jeunesse et d'outrage aux dieux de la cité. Cette accusation est exactement celle mise en scène des années plus tôt dans la comédie d'Aristophane citée au chapitre 4, où le scandale est illustré par l'une des questions les plus chères à Anaximandre : la foudre est-elle lancée par Zeus, ou vient-elle d'un tourbillon de vent ?

Dans l'ensemble, cependant, le polythéisme du monde grec et du premier empire romain, probablement déjà mis à mal par l'évolution des temps, ne cohabite pas trop mal avec les premières fleurs de la pensée naturaliste. On ne peut pas en dire autant du millénaire et demi de monothéisme qui lui succède.

La première période de vive confrontation entre la connaissance naturaliste et la pensée mystico-religieuse dominante a lieu sous l'empire romain tardif, quand le christianisme arrive au pouvoir. En 380 l'empereur Théodose déclare le christianisme

---

† C'est certes un anachronisme, mais au vu des multiples fragments antiques qui nous parlent des explications d'Anaximandre, et de l'absence totale de référence aux dieux, l'envie vient de demander à Anaximandre : « Et les dieux ? ». Et l'on se prend à imaginer le visage songeur, doux mais presque sombre de l'Anaximandre du bas-relief du Musée Romain, qui s'élève d'un antique parchemin égyptien, nous regarde en silence, nous sourit, et anticipe la célèbre réponse de Laplace à Napoléon : « Sire, je n'ai pas eu besoin de cette hypothèse. »

religion d'État de l'empire. Entre 391 et 392 il promulgue une série de décrets, connus sous le nom de Décrets Théodosiens, qui instituent l'intolérance religieuse. C'est le retour à la théocratie, comme sous les pharaons, les rois babyloniens ou mycéniens. L'imposition du monothéisme prend très vite une forme violente. Les écoles philosophiques sont fermées d'autorité; les centres du savoir antique sont détruits avec les temples païens, qui sont saccagés et transformés en églises [Testa, 1991], dans le sillage de la tradition du monothéisme hébraïque de Josué. Le sang coule à Pétra et Aréopolis en Arabie, à Raphis et Gaza en Palestine, Hériopolis en Phénicie, à Apamée en Syrie. Et, surtout, à Alexandrie.

Alexandrie. Tout avait commencé non loin de là, mille ans plus tôt : à Naucratis, où les marchands de Milet avaient ouvert le premier comptoir sur la grande terre des Pharaons, reconnaissants pour l'aide des mercenaires grecs à chasser la menace assyrienne. À Naucratis, où la rencontre de ces Indo-Européens à l'esprit libre et aventureux, et du savoir égyptien millénaire avait fait jaillir l'étincelle magique de la connaissance. L'héritage de Milet avait été reçu à Athènes, où le rêve de comprendre le monde par l'intelligence avait donné naissance aux écoles de Platon et Aristote. Le jeune et bouillant élève d'Aristote avait conquis le monde avec le même élan, éclairant la Méditerranée et le Moyen-Orient de l'éclat de cette intelligence. La grande cité qu'il avait fondée, et qui portait son nom, était devenue le centre du savoir antique. Là, Ptolémée I, son général et premier roi grec d'Égypte, avait fait transporter d'Athènes, dans une intrigue magistrale, la grande bibliothèque d'Aristote, pour créer ensuite les plus grandes institutions de la science antique : la Bibliothèque et le *Mouseion*. Dans la Bibliothèque étaient rassemblés des textes du monde entier. Chaque navire qui jetait l'ancre dans la baie d'Alexandrie devait déposer à la Bibliothèque tous les livres qu'il détenait à bord : ceux-ci étaient copiés, et *la copie* était restituée au navire. Au *Mouseion*, véritable ancêtre de l'université moderne, des intellectuels salariés par la cité étudiaient les disciplines les plus variées.

La moitié de ce que nous apprenons aujourd'hui à l'école a été créée dans ces institutions : de la géométrie euclidienne à la détermination de la dimension de la Terre, de l'optique aux bases de l'anatomie médicale, de la statique aux bases de l'astronomie. C'était à Alexandrie qu'Archimède se référait, à Alexandrie que les lois mathématiques exactes du mouvement des astres avaient été mises au point.

La Rome du premier empire avait péniblement réussi à cohabiter avec l'orgueilleuse Alexandrie, mais le christianisme au pouvoir n'y parvient pas. La grande Bibliothèque, dépositaire du savoir antique, est dévastée et brûlée par les chrétiens*. Les païens réfugiés dans le grand temple d'Apollon sont trucidés. En 415, l'astronome et philosophe Hypathie, qui est peut-être l'inventrice de l'astrolabe, est lynchée par des chrétiens fanatiques. Hypathie est la fille de Théon d'Alexandrie, le dernier membre connu du *Mouseion*. Mille ans après l'arrivée des commerçants grecs à Naucratis, le christianisme prend le pouvoir et éteint la lumière du savoir. La vérité est probablement bien pire que cela, vu que ces événements tragiques nous sont racontés par des sources chrétiennes, pratiquement tous les textes païens ayant été systématiquement brûlés dans les décennies suivantes. Le dieu du monothéisme est un dieu jaloux, qui a plus d'une fois au cours des siècles attaqué et détruit ceux qui s'y sont opposés.

Le résultat de la violence anti-intellectuelle de l'empire romain chrétien est d'étouffer tout développement du savoir rationnel pour les siècles à suivre. Avec la conquête de l'Empire par le christianisme, l'antique structure absolutiste des grands empires de l'antiquité est restaurée, cette fois à beaucoup plus grande échelle, et la parenthèse de lumière et de libre-pensée ouverte à Milet au VIe siècle av. J.-C est refermée.

Les traces de l'antique pensée ouverte par l'audace intellectuelle d'Anaximandre resteront ensevelies dans le petit nombre

* Et pas par le calife Omar, des siècles plus tard, comme le voudrait une version populaire en terre chrétienne.

de manuscrits qui survivent à la furie des premiers chrétiens au pouvoir, étudiées et transmises révérencieusement par quelques savants Indiens, puis Persans, puis Arabes. Mais personne jusqu'à Copernic ne saura plus comprendre la leçon fondamentale d'Anaximandre : si tu veux continuer à poursuivre la voie de la connaissance, tu ne dois pas révérer le Maître, étudier et développer ses enseignements – tu dois chercher ses erreurs.

***

À leur tour, pensée rationnelle et science moderne se sont trouvées en conflit avec la pensée religieuse, de Galilée à Darwin, et, à une beaucoup plus grande échelle, de la révolution française à la révolution russe. C'est une longue histoire, sanglante, douloureuse, qu'il n'est pas opportun de raconter ici, où la violence, perpétrée *au nom* de la religion et *contre* la religion, a ensanglanté l'Europe.

Après l'horreur des grandes guerres de religion qui ont dévasté l'Europe au XVIIe siècle, quand les Européens se massacraient entre eux, au nom du Vrai Dieu, le siècle des Lumières se révolte contre la centralité de la religion, et lègue à l'Europe la possibilité d'une coexistence pacifique entre les différentes idées et les différentes fois, entre pensée rationnelle et pensée religieuse.

Cette coexistence que le XIXe siècle hérite du siècle des Lumières est rendue possible par la délimitation d'une frontière, souvent floue et ambiguë, mais effective, qui restreint le champ du religieux à des environnements spécifiques, comme par exemple la spiritualité privée; au rôle de structuration des interrogations existentielles de chacun (les « croyances »); ou encore à un rôle de référence éthique et morale, dans une permanente négociation de l'équilibre entre son rôle public et son rôle privé; à la gestion de l'aspect rituel des événements structurant la réalité sociale, comme le mariage et les funérailles. Dans le champ de la connaissance, à un fondement possible pour les questions les plus générales (« pourquoi le monde ? ») ou plus difficiles à affronter pour la pensée naturaliste (« qu'est-ce que la conscience individuelle ? »); etc. Ce modèle occidental de division des rôles est ensuite imposé au reste du monde par le colonialisme, quoique à des degrés divers. C'est le modèle dans lequel nous sommes plongés.

La restriction de son domaine d'influence est souvent mal acceptée par la communauté religieuse, comme en témoignent par exemple les agitations politiques récentes de l'Église catholique italienne. La raison en est claire : il s'agit d'une division qui contredit le sens même du monothéisme, qui ne peut se penser autrement que comme fondement ultime et total de la légitimité, et garant ultime de la Vérité, y compris dans le champ du savoir. Aujourd'hui, notre civilisation se débat dans cette incertitude de ses fondements. D'un côté le compromis démocratique, qui reconnaît l'équivalence *a priori* de tous les points de vue, de l'autre la pensée religieuse, qui peut réussir, malgré une certaine réticence, à accepter de cohabiter dans le respect avec l'autre mais qui, à Rome comme à Riyad, à Washington comme à Téhéran, continue à se penser comme dépositaire de la vérité ultime dont il est mal de douter.

***

D'un point de vue théorique, la recherche d'un compromis entre pensée rationnelle et pensée religieuse, qui imprègne la réflexion des plus grands pères de l'Église, de Saint Augustin à Saint Thomas, signe l'évolution même de la pensée chrétienne; on peut la lire comme une tentative d'affronter cette gageure : articuler la relation entre Raison et Religion.

Du point de vue d'un scientifique moderne, ces efforts ont parfois une sorte de grandeur tragique et désespérée, comme des tentatives de gravir une pente glacée, de chercher de subtiles et improbables distinctions.

Parfois jusqu'au grotesque. Dans *De Civitate Dei*, Saint Augustin, soucieux de ne pas contredire la religion, discute longuement, dans tous ses détails, le problème suivant. Au moment de la résurrection finale, chaque homme retrouvera son vrai corps, avec toutes ses vraies particules de chair. Mais si un cannibale mange un autre homme, les particules de chair réapparaîtront-elles dans le corps de l'homme mangé, ou dans celui du cannibale* ? Augustin était un homme d'une très grande intelligence, et je trouve triste de voir un tel esprit se galvauder sur ce genre de questions.

Mais envisagée en termes de connaissance et de méthode, la contradiction reste, en fin de compte, insoluble. Certes, de larges pans de la science moderne et antique ont été sereinement développés dans le giron de la religion : Thalès sacrifie un taureau à Zeus, et Newton développe ses nouvelles notions d'espace et de temps en référence directe avec Dieu. Le savoir religieux peut cohabiter sereinement dans l'esprit de beaucoup avec le savoir rationnel; il n'y a aucune contradiction entre résoudre les équations de Maxwell et penser que Dieu a créé le Ciel et la Terre et qu'Il jugera les hommes à la Fin des Temps.

La confrontation n'en est pas moins latente, et ne peut que continuer à renaître. Elle est inévitable, pour deux raisons. La première, superficielle, est le fait que la frontière entre le champ de la connaissance qui se perçoit comme compétence du divin et la connaissance scientifique est sans cesse débattue. Mais la raison essentielle est la suivante : la pensée mystico-religieuse s'appuie sur l'acceptation d'une vérité absolue qui ne tolère pas d'être remise en question. Alors que la mise en discussion de vérités acceptées de façon acritique est la nature même de la pensée scientifique. Il est clair que, dans la durée, toute trêve entre ces deux formes de pensée est instable.

D'un côté, il y a la certitude de connaître la Vérité. De l'autre, il y a la reconnaissance de notre ignorance, et la mise en doute perpétuelle de toute certitude. La religion, et surtout le monothéisme, rencontre une profonde difficulté à accepter la pensée du mouvement, la pensée critique. Ève a cueilli la pomme, pour

* La réponse, au terme d'une discussion compliquée, est qu'elles réapparaîtront dans le corps de l'homme mangé, et non du cannibale. Ceci (si je comprends bien) essentiellement parce que, dans la mesure où le cannibalisme est un péché, les particules de chair mangées intègrent le corps du cannibale de fait mais non de droit. C'est pourquoi le cannibale peut le faire sur la terre, mais n'est pas en droit de les ravoir à la fin des jours.

connaître. Mais pour le dieu qui veut être le Dieu Unique et indiscuté, c'est le premier des péchés.

***

La majorité des hommes et des femmes, dans les mille variantes de la civilisation mondiale d'aujourd'hui, estime qu'une compréhension vraie du monde ne peut se passer des dieux, ou d'un Dieu : Anaximandre n'a pas convaincu la majorité d'entre nous.

Cette majorité estime même que ce dieu joue ou a joué un rôle fondateur pour l'existence même de la réalité, pour la justification du pouvoir, pour l'établissement de la morale et donc des lois. Ces hommes et ces femmes ont recours à un dieu, ou à la « Volonté de Dieu », pour des décisions et des questions privées, et de nombreux états, comme les États-Unis et l'Iran, l'invoquent explicitement comme justification de chaque décision importante, comme le déclenchement d'une guerre. L'enseignement simple et clair du savoir que nous avons de l'évolution de la vie sur la Terre est même interdit dans certains États américains, parce qu'ils mettent en question le savoir religieux. Une tentative d'entraver cet enseignement a également été menée récemment en Italie. En somme, nous vivons dans une civilisation globale où la majorité des hommes et des femmes accepte le savoir scientifique comme utile et raisonnable, mais pose encore les dieux (un ou plusieurs) comme fondement ultime du savoir.

D'un autre côté, un grand nombre d'hommes et de femmes estime que tout ceci n'a aucun sens : que le monde est plus compréhensible, et mieux, et non pas *moins compréhensible*, en l'absence de toute référence aux dieux; que la justification du pouvoir ne doit pas faire référence à dieu; qu'il existe un fondement de la moralité et de la loi qui ne fait pas appel à dieu. Et qu'avoir recours à la justification divine pour les décisions importantes qui concernent les états est une réminiscence pernicieuse d'un passé obscur, qui nous divise plutôt qu'elle nous unit, et qui a toujours apporté, et apporte encore, la guerre plutôt que la paix.

Il existe donc aujourd'hui, au cœur de notre civilisation, une profonde fracture quant au rôle de la religion. Vis-à-vis de cette fracture, il existe des positions extrêmes, qui vont du rigorisme biblique à l'athéisme militant, et d'innombrables positions intermédiaires, qui dessinent un large spectre de compromis et d'interprétations diversement nuancées de dieu, ou des dieux, et du rôle qu'ils jouent, ou doivent jouer, pour la société, pour chaque individu, et pour la compréhension du monde.

Le problème posé par Anaximandre, en d'autres mots, est encore sur la table. L'idée de formuler le problème de comprendre le monde *sans les dieux* est une idée radicale au VIe siècle avant J.-C. La proposition a eu une postérité immense, elle a ouvert la porte au savoir philosophique autant que scientifique qui s'est développé, à des rythmes divers, au cours des vingt-six siècles suivants. C'est l'une des racines profondes du monde moderne. Mais c'est loin d'être une proposition qui s'est imposée à tous : nombreux sont nos contemporains, la majorité sans doute, qui sont aujourd'hui armés pour combattre la thèse centrale d'Anaximandre.

D'un côté l'approche naturaliste et scientifico-rationnelle de la compréhension du monde a obtenu des succès qu'Anaximandre aurait difficilement pu imaginer. La science gréco-alexandrine d'abord puis la science moderne se sont emparées du projet d'Anaximandre, l'ont étendu, complété et développé, et ont obtenu non seulement une compréhension profonde et détaillée d'innombrables aspects de la réalité, mais aussi, comme effet collatéral, toute la technologie de notre monde moderne, qui détermine notre vie quotidienne. De l'autre côté, la pensée envers laquelle Anaximandre prit ses distances reste la pensée la plus commune sur la planète.

L'actualité d'Anaximandre est donc complète. La question qu'ouvre sa proposition est toujours posée, et divise toujours notre civilisation : est-il possible de comprendre l'existence et la complexité du monde et de la vie, sans en attribuer l'origine aux caprices des dieux, ou à la volonté d'un Dieu ?

11
La pensée pré-scientifique

Mais enfin, en quoi consiste vraiment la proposition d'Anaximandre de comprendre le monde sans faire appel aux dieux ?

En quoi consiste la différence essentielle entre la pensée naturaliste et la pensée mystico-religieuse ? En quoi chercher à comprendre la nature sans faire référence aux dieux est-il radicalement nouveau ? C'est-à-dire : pourquoi, avant Anaximandre, les hommes avaient-ils universellement recours aux dieux pour expliquer le monde ? Qu'est-ce donc, en fin de compte, que la pensée mystico-religieuse, dont il fut si difficile de s'éloigner ? Que sont les dieux ?

La question est trop complexe pour être épuisée ici; elle va au-delà de mes compétences et, je crois, de notre savoir actuel. Mais c'est bien une question centrale pour comprendre ce qu'a vraiment accompli Anaximandre, et la nature de la pensée scientifique. C'est pourquoi je choisis de l'aborder dans ces quelques pages, au risque de n'en toucher que la surface. La définition usuelle du naturalisme, comme projet de comprendre le monde sans faire référence à des instances supranaturelles, n'est qu'une définition négative, qui n'informe en rien sur ce que sont ces instances supranaturelles, et surtout sur leur ubiquité. Comprendre la lecture religieuse du monde est essentiel pour comprendre la pensée qui naît comme alternative à celle-ci. Cela n'a pas beaucoup de sens de parler de compréhension du monde qui s'abstient d'explications mystico-religieuses, si nous ne savons pas ce que c'est qu'une compréhension mystico-religieuse du monde.

Nous savons peu de l'*histoire* de la pensée mystico-religieuse. Selon certains, l'activité religieuse humaine, ou en tout cas « rituelle », remonte au moins à deux cent mille ans*, sinon à l'origine même du langage. À l'autre extrême, on a soutenu qu'elle n'est apparue qu'avec la révolution néolithique [Jaynes 1976]. Mais tant au vu des textes écrits qui nous sont parvenus, depuis 6000 av. J.-C. jusqu'à Anaximandre, que sur la base des résultats des études anthropologiques menées au siècle dernier sur les cultures contemporaines dites « primitives », c'est aujourd'hui une opinion consensuelle que la pensée religieuse était la pensée universellement dominante, dans *toutes* les cultures antiques dont nous avons trace.

Roy Rappaport [1999] donne une variété d'arguments anthropologiques qui montrent que la sphère du sacré et du divin, sous ses multiples formes, représente le fondement *universel* non seulement de la légitimité sociale, légale et politique, mais aussi de la cohérence de la pensée sur le monde, dans *toutes* les cultures qui ont été étudiées. Partout où l'on cherche une explication, on la cherche dans la relation entre un monde de phénomènes apparents, et un *autre* monde qui soutient, guide et justifie le monde visible. Cet *autre* monde se manifeste par les dieux, les esprits, les démons, les ancêtres ou les héros qui vivent dans un temps parallèle mythique, au début ou même hors du temps, ou par d'autres manifestations « surnaturelles » facilement réductibles à une même matrice mystico-religieuse. La pensée mystico-religieuse est l'*unique* forme de pensée dont l'humanité a été capable pendant des millénaires.

Étant donné son universalité, et sa résistance actuelle, vive et tenace, il est clair qu'assimiler la pensée mystico-religieuse anti-

* Les archéologues ont trouvé en Suisse des crânes d'ours disposés en position circulaire, interprétés comme le signe d'une activité rituelle, datant de l'ère glacière de Würm [Campbell 1989 : 2].

que à un simple ensemble de « superstitions », de « croyances fausses », équivaudrait à ne pas voir quelque chose d'essentiel : la force de cette pensée. Quelle est cette force ? Les dieux n'étaient pas seulement des « inventions » de l'imagination de l'homme : ils représentaient quelque chose d'essentiel pour la structuration même de l'expérience cognitive, sociale et psychologique de l'humanité. Quoi ? À quoi exactement s'oppose la proposition d'Anaximandre ?

La signification de cette omniprésence dans l'antiquité d'un « autre monde », des « dieux », ou des autres variantes du divin, voilà à mon avis l'une des questions les plus importantes sur la nature et l'histoire de la pensée, qui à ce jour n'a pas reçu une réponse complète et convaincante.

1. La nature de la pensée mystico-religieuse

Les tentatives de réponse abondent, et beaucoup saisissent au moins un aspect de ce tableau complexe. Jusqu'au temps d'Épicure et de Lucrèce, on a cherché les sources de la religion dans la peur de la mort, dont tout le monde souffrirait (mais est-ce seulement vrai ?). Ou dans la peur des aspects incontrôlables et menaçants du monde. Ou encore dans un sentiment panique, esthétique, face au spectacle grandiose de la nature. Ou dans une réaction instinctive à l'incompréhensibilité du monde, ou à l'idée de l'infini. Ou enfin à une hypothétique et tautologique « spiritualité religieuse naturelle » individuelle.

Une lecture anthropologique classique est celle d'Émile Durkheim. Pour Durkheim la fonction de la religion est la structuration même de la société; les rituels religieux sont des mécanismes qui expriment et renforcent la solidarité et l'essence du groupe (« la religion est la société qui s'adore elle-même », [Durkheim 1963]). Le pouvoir politique ne se sert pas du pouvoir religieux : il *est* le pouvoir religieux. Le pharaon *est* dieu.

Une autre interprétation célèbre est celle de Karl Marx, pour qui la religion n'est pas fonctionnelle pour l'ensemble de la société, mais seulement pour le groupe dominant, à qui elle sert d'instrument de domination et d'oppression du reste de la société.

Les hypothèses théoriques plus récentes sur l'origine de la religion et sur le rôle qu'elle a joué dans la naissance de la civilisation sont variées. Elles vont d'approches de type évolutionniste, où la religion représente un avantage compétitif pour certains groupes ou individus, à des hypothèses opposées, selon lesquelles la religion n'est qu'une déviation parasite, un produit collatéral inutile d'autres fonctions humaines.

Certaines thèses parmi les plus fascinantes, malgré leur aspect hypothétique et controversé, concernent l'évolution historique de la pensée religieuse. Dans les années soixante-dix, un très beau livre de Julian Jaynes [*La naissance de la conscience dans l'effondrement de l'esprit*, 1976] a suscité beaucoup de discussions. Contre l'idée d'une origine antique de la divinité, Jaynes suppose que l'idée de dieu est née au cours de la révolution néolithique, il y a environ dix mille ans. Les groupes humains sont initialement de dimension familiale, et sont guidés par un mâle dominant qui commande directement aux membres du groupe avec qui il est en rapport personnel. C'est la structure sociale que l'homme partage avec les autres primates. Avec la révolution néolithique, le développement de l'agriculture, la croissance démographique et l'installation des premiers villages sédentaires, ces groupes croissent et s'étendent, tant et si bien que le mâle dominant n'est plus en contact direct avec chacun des membres du groupe. La civilisation est l'art de vivre dans des villes de dimensions telles que leurs habitants ne se connaissent pas tous entre eux.

Selon Jaynes la solution qui a permis d'éviter la désagrégation du groupe est une introjection de la figure du mâle dominant, dont la « voix » qui commande est « entendue » par les sujets même en son absence. La voix du souverain continue à être entendue et révérée après sa mort physique. On cherche à conserver le plus longtemps possible son cadavre encore « parlant », qui évolue en statue du dieu, adorée sur la place centrale de la cité. La maison du souverain, qui est la maison de la statue du dieu, évolue en temple, qui devient le cœur de la cité*. Ce système se stabilise au cours des millénaires et détermine la structure sociale et psychologique des civilisations antiques.

Dans ces civilisations, le dieu est donc directement le souverain, le père du souverain ou l'ancêtre du souverain. Les dieux sont la mémoire toujours active des souverains du passé. Les voix des dieux sont omniprésentes ; c'est par elles que la psychologie antique affronte toute situation impliquant une décision, comme on le voit par exemple dans l'*Iliade*. Les hommes ne disposent pas d'une conscience complexe de soi dans le sens moderne, c'est-à-dire un vaste espace de narration intérieure où se représenter les conséquences possibles de l'action. Ils ont par contre introjecté un ensemble de règles qui reflètent des normes sociales de comportement, et qui se manifestent comme le pur vouloir des dieux. Les dieux ne sont donc pas « des inventions de l'imagination » : ils *sont* la volition même du premier homme social.

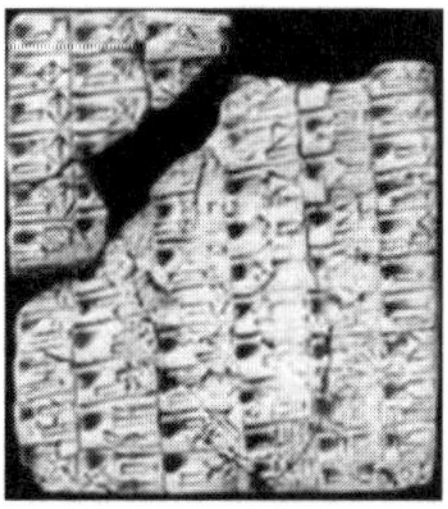

Figure 19

Tablette « Ludlul bel nemeqi », 1200 av. J.-C., Ninive

Selon Jaynes le système entre en crise autour du premier millénaire avant J.-C., une période marquée par de très violents bouleversements politiques et sociaux. Il s'effondre sous la pression de grandes migrations, du développement du commerce, et par la formation des premiers grands empires multi-ethniques. Dans la confusion toujours plus grande qui secoue les différents groupes humains, la « voix » du dieu, avec laquelle les héros

* Les restes archéologiques des plus anciens centres urbains sont tous assemblés autour de la maison centrale du dieu, ou formés de noyaux assemblés de la maison d'un dieu, contenant une statue. Cette structure est bien visible à Jéricho au niveau correspondant au VIIe millénaire av. J.-C. à Hacilar en Anatolie, à Éridu, autour de – 5500, où la maison du dieu commence à être construite sur les plates-formes en briques de boue qui donneront naissance aux Ziggourats… De ces sites primordiaux aux cathédrales gothiques, il y a une impressionnante continuité, qui n'est pas démentie par les restes archéologiques du Mexique, de Chine ou d'Inde.

homériques conversaient encore régulièrement, et qu'entendaient encore distinctement Moïse et Hammurabi, devient toujours plus lointaine, et on finit par ne plus l'entendre du tout, sinon quelques pythies, et enfin seulement Mahomet et les saints catholiques. Les dieux s'éloignent chaque jour un peu plus dans les cieux. L'homme est laissé seul, à la merci d'un monde en révolution. Les lignes de Jaynes sur cette période sont très belles. On y entend l'écho de la célèbre complainte [Tablette « Ludlul bel nemeqi », *figure 19*] :

> *Mon dieu m'a abandonné et a disparu.*
> *Ma déesse me rend moins souvent visite et se tient à distance.*
> *Le bon ange qui marchait à mes côtés s'en est allé...*

Pour Jaynes, la conscience moderne est l'expédient évolutif qui permet d'affronter cette nouvelle solitude : une « narrativisation » linguistique du soi, qui devient le moyen de prendre des décisions complexes et articulées, quand ni le chef singe, ni sa voix introjectée, ne sont là pour nous dire quoi faire.

Une discussion désormais classique, qui prend sa source dans un univers culturel très différent, mais présente d'intéressantes résonances avec Jaynes, est menée par Marcel Gauchet dans *Le désenchantement du monde* [1985]. Gauchet décrit la lente sortie de l'humanité de la pensée mystico-religieuse. Selon Gauchet, la religion a représenté dans le passé l'économie générale de l'humanité : elle en a structuré indissolublement la vie matérielle, sociale, mentale et surtout politique. Mais cette fonction s'est épuisée au cours des siècles. Les états modernes ont essentiellement remplacé son rôle de structuration de l'espace politique, et de la religion ne restent que des lambeaux : à peine plus que des expériences individuelles et des systèmes de conviction.

L'une des thèses les plus intéressantes de Gauchet est l'idée que le monothéisme ne représente pas un état évolué, « supérieur », de la pensée religieuse, mais au contraire une lente dissolution de la centralité et de la cohérence de l'organisation religieuse antique de la pensée.

La tension qui amène à la naissance du monothéisme est liée à la constitution des grands empires. Les premiers empires mélangent les peuples, ôtent le pouvoir au groupe social primitif, à la tribu qui s'identifiait à ses propres dieux locaux, et installent l'idée d'une grande et lointaine puissance centrale. Un dieu commence à prévaloir sur la multiplicité initiale des dieux et des cultes. En Égypte le dieu du soleil, Râ, commence à s'imposer comme le dieu principal dès la IVe dynastie de l'Ancien Empire, tandis qu'en Mésopotamie Marduk, le dieu de Babylone, s'élève au-dessus de la foule des autres dieux sitôt que le pouvoir se concentre à Babylone.

Mais le polythéisme antique n'est pas facilement mis à terre. Certains empereurs se lancent dans d'épiques et dramatiques tentatives d'imposer un dieu unique, comme Amenhotep IV, le mari de Néfertiti, qui se fait appeler Akhénaton. Au faîte de la gloire impériale, il impose le culte exclusif de Aton, centré à Akhétaton. Mais la réaction des anciennes castes sacerdotales est violente, et le polythéisme est immédiatement restauré à la mort d'Amenhotep IV. Il redevient la forme religieuse unique des grands empires, jusqu'à l'Empire Romain, le plus vaste et le plus stable de tous.

C'est un peuple qui vit aux marges des empires, ou plutôt pris en tenaille entre les deux grandes aires impériales, qui saisit cette tension diffuse vers le monothéisme comme une opportunité historique. Le génie de Moïse, selon Gauchet, est d'avoir osé renverser les rapports de force traditionnels entre les dieux, qui reflétaient directement les rapports de force entre les peuples correspondants. Des tribus israélites étaient peut-être déjà présentes en Égypte lors de la tentative échouée d'Amenhotep IV d'imposer le monothéisme. Moins d'un siècle plus tard, Moïse postule à son tour l'existence d'un « super-dieu », mais cette fois indépendamment du pouvoir impérial; et il en fait une redoutable arme de résistance pour son peuple, malgré sa faiblesse politique. Grâce à cette arme, Israël saura se libérer de l'Égypte et plus tard de Babylone. Le super-dieu n'est plus seulement le dieu du groupe; c'est un dieu lointain, comme l'empereur est lointain, et qui comme l'empereur règne sur tous les peuples – mais qui, comme l'empereur, n'aime pas tous ses peuples de la même façon.

Le peuple d'Israël devient le gardien du monothéisme, malgré la contradiction implicite entre l'idée de dieu universel et celle de peuple élu. La contradiction est temporairement résolue dans l'attente messianique de la venue d'un grand chef qui réalisera finalement la domination d'Israël sur toutes les nations, rétablissant l'identité entre la supériorité du dieu et le pouvoir de son peuple. Mais ainsi n'en veut pas l'histoire. Le long processus d'unification impériale du monde méditerranéen se réalise finalement, mais sous Rome, pas sous Israël.

Le grand empire de Rome met un terme définitif au paganisme antique. Reste la solitude du sujet de l'immense empire, où les petits groupes humains qui se rassemblaient autour de leur propre dieu ont perdu toute centralité comme dépositaires de la légitimité, du pouvoir, du savoir et de l'identité. Dans le grand empire, il ne suffit plus d'exceller dans sa propre cité, il faut aller à Rome. L'identité forte que la promiscuité serrée avec le groupe donnait à l'humanité est perdue.

C'est Jésus Christ, selon Gauchet, qui affronte ce nouveau malaise et dans le même temps résout la contradiction israélite entre dieu universel et peuple élu. Il y parvient en répétant, de façon encore plus spectaculaire, le renversement génial de Moïse : c'est-à-dire en séparant plus encore le pouvoir et la religion. Jésus Christ et Paul de Tarse proposent l'hypostase d'un « vrai dieu » unique, qui règne sur tous, mais de façon complètement indépendante du pouvoir impérial. Ce faisant, Jésus Christ invente un univers parallèle (« Mon règne n'est pas de ce monde »), où l'échelle des valeurs est inversée par rapport à celle du pouvoir, et où un dieu est dans le même temps lointain et directement accessible à l'individu isolé, sans la médiation de la structure politique. Ainsi naît une nouvelle sphère : la sphère de la spiritualité individuelle, cette sphère si merveilleusement explorée et étendue par Saint Augustin. L'Église naît comme structure parallèle au politique, s'y substituant dans son rôle central de donner du sens au monde. Et naît un espace identitaire individuel parallèle, libéré de l'identité sociale.

Mais très vite le pouvoir politique s'empresse de combler le fossé, et cherche à réabsorber la nouvelle source de légitimité : l'empire se christianise, le pouvoir sans dieu ne pouvant que rejoindre le dieu sans pouvoir, pour redonner son fondement théocratique à la société, finalement devenue monothéiste. Malgré tout, au sein de l'ancienne unité société-religion-identité, la fracture est ouverte, et le noyau de la spiritualité individuelle dont naîtra le monde moderne est en place.

***

Les recherches plus récentes sur l'origine et la nature de la religion ont souligné toujours plus l'interdépendance étroite entre religion et langage, et tendent à reporter beaucoup plus loin l'origine de la religion, en mettant l'accent sur le rôle fondamental qu'elle pourrait avoir dans la naissance même de l'humanité.

Dans un récent travail [1999] au souffle remarquable, Roy Rappaport, figure majeure de l'anthropologie contemporaine, identifie dans l'activité *rituelle*, dans les *rites*, non seulement le cœur de la religiosité, partagé par toutes les cultures, mais aussi l'activité autour de laquelle a grandi la civilisation, ou l'« humanité » même*.

Rappaport voit dans la fonction rituelle l'ancrage central autour duquel croît et se déploie le système de légitimité qui fonde le social, voire la fiabilité du langage échangé entre les hommes. Chaque société se fonde et se rassemble autour de rites. Les activités rituelles existent déjà dans le monde animal, et ont généralement des fonctions de communication sociale. Chez l'homme, c'est dans ces activités que se met en place le fondement du langage. Au cours de ces rites, quelques énoncés fondateurs, que Rappaport appelle les *Ultimes Postulats Sacrés*, sont

* Dans les trois sens du mot « humanité » : comme espèce animale particulière; comme ensemble de caractéristiques qui distinguent cette espèce des autres animaux dans leur ensemble; et enfin comme valeur éthique.

répétés un grand nombre de fois, d'une façon qui les prive complètement de sens :

Credo in unum Deum
« Je crois en un seul Dieu »

اشهد ان لآ الـه الا الله و ان محمد رسول الله

« Allah est grand et Mahomet est son prophète »

שמע ישראל יהוה אלהינו יהוה אחד

« Écoute, Israël, l'Éternel, notre Dieu, l'Éternel est Un »

ou la formule qui apparaît dans chaque prière du cérémonial complexe des Navajo d'Amérique :

sa'ah naaghaii bik'eh hozho
« En grandissant, nous cheminerons
dans la beauté et dans l'harmonie »,

jusqu'à la grande syllabe sacrée de l'Hindouisme, du Jaïnisme, du Bouddhisme, de la religion Sikh et de la religion Zoroastre, la syllabe qui renferme tout :

ॐ

Om̐

(Je reprends les traductions usuelles, tout en sachant que certaines d'entre elles ne sont qu'approximatives.) Ces énoncés ne peuvent être ni vérifiés, ni falsifiés. À proprement parler, ils ne signifient rien. Mais leur répétition rituelle leur garantit une valeur de certitude et les élève au rang de pivots de la sacralité où s'attache toute pensée qui donne structure au monde et légitimité au social.

Pour comprendre ce que cela signifie, il est essentiel d'observer que le langage ne se limite pas à refléter la réalité, mais le plus souvent *crée* la réalité. Le prêtre qui dit « je vous déclare mari et femme », le juge qui dit « condamné ! », la commission de professeurs qui déclare « je vous confère le titre de Docteur », le parlement qui approuve une loi, Napoléon qui parle d'honneur et de gloire aux soldats français sous les pyramides, un prêtre qui donne la messe le dimanche… tous ceux-là ne décrivent pas la réalité, ils donnent réalité par le langage. Les fonctions supérieures du social vivent dans cet espace créé par le langage : être mariés, être citoyens, être adultes, être honnêtes, être docteurs, être professeurs, êtres célèbres, être président de la république ou être un étranger, être la capitale de la France… autant de réalités qui n'existent qu'en tant qu'elles sont déterminées par des énoncés linguistiques prononcés par des membres de la société autorisés (par qui ?) à le faire. Tout ce qui a à voir avec la loi, avec l'honneur, avec les institutions, etc., vit dans un espace créé par le langage. Qui n'existe que parce que les hommes en reconnaissent, collectivement, la réalité et la légitimité.

L'acte à la source de cette légitimité est le rite, et à son fondement sont les Ultimes Postulats Sacrés. Ils stabilisent un espace du sacré, qui donne légitimité à tout ce qui en dérive. Participer au rite est en intégrer la légitimité, et donc reconnaître et adhérer à la sphère des sens qui émanent du rite, même sans adhésion intellectuelle à d'éventuelles croyances énoncées au cours du rite. Je n'entre pas dans cette maison parce que c'est la tienne; c'est la tienne parce que tu l'as héritée de ton mari; c'était ton mari parce qu'un prête l'avait déclaré; le prêtre était prêtre parce que l'évêque l'avait ordonné; l'évêque était évêque parce que le pape l'avait ordonné; le pape est le pape parce que Dieu l'a choisi; Dieu existe parce que « Je crois en un seul Dieu »… Et « Je crois en un seul Dieu » parce que je l'ai répété à la messe. Donc en fin de compte je n'entre pas dans cette maison à cause d'un pacte fondateur avec mes semblables qui est reconfirmé à chaque messe. Et même si à la messe j'étais distrait et au fond je ne croyais pas un mot de ce que racontait le prêtre, cette structure globale à laquelle j'adhère reste inchangée.

Substituer au prêtre un juge, au pape un parlement et à la messe une urne électorale, ou la fréquentation d'une école, ne change pas grand-chose à cette structure. Par le retour constant à leurs rituels, les êtres humains renouvellent leur pacte social, et en même temps fondent dans un geste la base de leur errante et volatile pensée sur le monde*.

C'est presque une relecture moderne de Confucius, qui de façon très similaire pose lui aussi dans le *rite* le fondement même du vivre social et moral, et de l'harmonie de la pensée.

2. Les différentes fonctions du divin

Ces quelques observations, très incomplètes, ne donnent qu'une idée de la complexité du problème et de notre ignorance substantielle en la matière. La vérité est peut-être dans quelque combinaison de ces hypothèses, ou dans une histoire plus complexe, qu'il est bien difficile de reconstruire.

Il apparaît clair que d'une manière ou d'une autre la pensée religieuse a à voir avec le fonctionnement même de notre univers logico-mental, tout particulièrement dans la mesure où il existe et s'exprime dans un contexte social.

Cependant, n'oublions pas que les hommes se parlent depuis peut-être plus de cent mille ans, mais n'ont laissé de traces écrites de ce qu'ils se disent que depuis six mille ans. Ce qu'ils se sont dit au cours des cent mille ans précédents, quelles structures conceptuelles ils ont expérimentées, combien de fois ils ont changé d'idée, et tout repensé de zéro, nous ne le saurons sans doute jamais. Ou, si un jour nous en découvrons quelque chose, peut-être serons-nous surpris.

Le problème essentiel à cet égard est que nous ne savons pas comment ni pourquoi nous pensons ce que nous pensons. Nous ne connaissons pas la complexité des processus qui donnent naissance à nos pensées et à nos émotions. Notre corps, qui génère et exprime ces pensées et ces émotions, est un organisme d'une extrême complexité, que notre capacité limitée à comprendre

* L'un des plus anciens textes de la pensée indienne, le *Bṛhadāraṇyaka Upanishad*, commence avec les vers : *La tête du cheval sacrificiel est l'aurore [...]/le cheval sacrificiel est le monde...*

peine à appréhender. Cette complexité est en outre accrue par le fait que nous ne vivons pas seuls : nos pensées doivent peut-être être conçues comme le reflet sur un individu de processus qui adviennent à l'échelle de la société. Ce n'est peut-être pas nous qui pensons, mais les pensées qui nous traversent. Se demander comment nous pensons ce que nous pensons est peut-être comme demander comment une algue lève une vague sous elle.

Ce nous appelons conscience, libre arbitre, spiritualité, divinité, ne sont probablement qu'une manière de désigner notre ignorance des causes et de la complexité de notre propre comportement, et de la substance de nos pensées. Il me semble que cette idée, qui remonte à Baruch Spinoza, est la plus fiable des boussoles pour nous guider dans la forêt obscure de notre pensée.

Nous avons appris à dévoiler un grand nombre de nos idées fausses, et, vingt-six siècles après Anaximandre, nous avons appris à nous méfier de qui prétend savoir avec certitude que c'est Zeus qui envoie la foudre. Mais nous ne savons pas comment fonctionne notre propre pensée. Lorsque nous cherchons un fondement certain pour agir et penser, nous ne le trouvons pas. Nous ne savons pas non plus si, de ce fondement, nous avons vraiment besoin. Nous ne faisons qu'avoir recours à des conceptualisations vagues et incertaines, quand il s'agit justement de ce que nous avons le plus à cœur. Ce que nous appelons irrationnel est le nom de code de ce que, par la limite de notre raison, nous ne comprenons pas.

Ceci n'implique pas que nous ne pouvons pas, ou ne devons pas, nous fier à nos pensées. Nos pensées sont la meilleure carte que nous ayons pour naviguer dans le monde, et c'est la seule à laquelle nous pouvons nous fier. En reconnaître la limite ne signifie pas que nous fier à quelque chose d'encore plus limité et incertain, comme la Tradition, soit un choix plus judicieux : la Tradition n'est que l'ensemble codifié de pensées d'hommes qui ont vécu en un temps où l'ignorance était encore plus vaste que la notre.

Ces derniers millénaires dont nous avons trace nous montrent de très lentes évolutions de la pensée humaine, qui sont encore en cours. Le polythéisme antique est très semblable autour de la Méditerranée, en Chine, en Inde, au Mexique et en Amérique du Sud. De même que sa relation étroite avec les groupes sociaux, son identité essentielle avec le pouvoir politique. Depuis ce polythéisme originel, aux changements provoqués dans le monde grec par les tensions rationalo-naturalistes et l'installation de la démocratie, puis à la restauration du monothéisme théocratique de l'empire romain tardif, médiéval et islamique, se dessine un parcours, un grand mouvement.

Un processus historique de grande ampleur est en acte, dans lequel nous sommes plongés, et au cours duquel le rôle du religieux dans la pensée humaine est en train d'évoluer. C'est une transformation qui se mesure en millénaires plutôt qu'en siècles, et qui amène avec elle de profondes modifications de la structure sociale, politique, psychologique de la société, et de la façon dont l'humanité se reconnaît et se pense elle-même. La proposition naturaliste d'Anaximandre est un chapitre d'une histoire plus vaste.

Nous retournons donc au point de départ, qui est la relation précise entre la proposition ionienne et la religion, et par là, à la distinction entre la fonction cognitive de la religion et ses autres fonctions. Thalès et Anaximandre ne mettent pas explicitement la religion en cause : ils se contentent de se détourner des histoires sur les dieux, et surtout sont prêts à renoncer à toute certitude, y compris celles inscrites dans ce que Rappaport appelle les Ultimes Postulats Sacrés. Ils comprennent que l'acceptation acritique est le pieu auquel nous sommes liés, le pivot de notre ignorance, qui nous empêche de voir plus loin, de trouver quelque chose de moins faux.

Cela n'empêche pas Thalès, euphorique, de sacrifier le taureau aux dieux : pouvons-nous discriminer les fonctions de la pensée religieuse ? Y a-t-il quelque chose qui puisse remplir ses fonctions psychologiques et sociales, sans faire intrinsèquement obstacle à la connaissance ? Est-il possible d'ouvrir un nouvel espace à des fonctions qui furent pendant des siècles celles de la religion, jusqu'à mettre en doute les anciennes croyances ?

Certes, toutes les religions modernes ne sont pas égales de ce point de vue. Des sept évangiles qui croient nécessaire de préciser depuis combien de millénaires le monde existe (six, exactement) ou des dogmes catholiques, jusqu'à l'élan anti-dogmatique du christianisme unitarien et au bouddhisme qui décrit ses propres croyances comme illusoires, il y a un spectre continu d'attitudes vis-à-vis de la connaissance, et d'intelligence. Au sein même de chaque religion, se joue un jeu continu de réformes, par lesquelles les vérités religieuses, dès lors qu'elles apparaissent manifestement insensées, sont réinterprétées en termes plus abstraits. Le dieu barbu devient rapidement un dieu personnel sans visage, puis un principe spirituel, puis quelque chose d'ineffable dont on ne peut rien dire…

Cela étant, ne pas croire qu'un dieu se tient près de moi et m'écoute ne m'empêche pas de me tourner le matin vers la mer avec un chant silencieux dans le cœur, et de remercier le monde pour sa beauté. Il n'y a pas de contradiction entre refuser l'irrationnalisme et écouter la voix des arbres, leur parler, les toucher avec la paume de la main, sentir leur force sereine s'écouler vers soi. Les arbres n'ont pas d'âme. Ni plus, ni moins, que l'ami à qui je me confie, et cela ne m'empêche pas de discuter avec un ami, ni de parler avec les arbres, ni de jouir profondément de tous ces échanges, ni mettre du cœur à tenter d'apaiser la douleur d'un ami qui souffre. Ou de donner de l'eau à un arbre assoiffé.

Il n'y a pas besoin d'un dieu pour percevoir la sacralité de la vie et du monde. Nous n'avons pas besoin de garanties externes pour nous apercevoir que nous avons des valeurs, et que nous pouvons aller jusqu'à mourir pour les défendre. Et si nous découvrons que la raison de notre générosité, de notre amour pour les arbres, nous pouvons la trouver dans les plis de l'évolution de notre espèce, ce n'est pas pour cela que nous aimerons moins nos fils et nos semblables. Si la beauté et le mystère des choses nous laissent le souffle coupé, nous pouvons rester le souffle coupé, émus, silencieux.

Il suffit de 100 microgrammes de diéthylamide d'acide lysergique pour nous permettre de percevoir le monde de façon profondément différente. Ni plus, ni moins vraie : différente. Notre savoir est bien trop faible pour ne pas accepter de vivre dans le mystère. C'est précisément parce qu'il existe un mystère, et parce qu'il est si profond, que nous ne pouvons pas nous fier à qui se déclare dépositaire de la clé de ce mystère.

Accepter l'incertitude et la nouveauté d'une pensée qui cherche de nouvelles voies implique de nouveaux risques. Une civilisation qui abandonne les voies traditionnelles s'expose à de nouveaux dangers. Si la planète se réchauffe à cause de la révolution industrielle, le risque pour l'humanité peut être considérable. Mais les voies traditionnelles ne nous préservent pas de ces risques ; au contraire, elles les rendent plus incontrôlables. De grandes civilisations antiques, comme les Mayas, la Grèce classique et peut-être l'empire romain lui-même, ont probablement été affaiblies, sinon détruites, par de graves déséquilibres écologiques qu'elles avaient elles-mêmes engendrés. Avec la circonstance atténuante qu'elles n'avaient pas, contrairement à nous, la possibilité de comprendre ce qui se passait, et d'essayer de se défendre. L'intelligence ne sauve pas forcément des désastres, mais elle est face à eux notre arme majeure.

Henri Bergson [1935] considérait la religion comme la défense de la société face au pouvoir dissolvant de l'intelligence. Mais qui nous sauve du pouvoir dissolvant de l'ignorance ? Le monde Maya a-t-il été sauvé par sa foi en Gukumatz, le dieu serpent créateur ? Les Aztèques ont-ils été sauvés par Huitzilopochtli, le dieu soleil ? Gregory Batson souligne [1972] que la conscience rationnelle est nécessairement sélective, partiale, et incapable de comprendre la totalité, si elle n'est pas aidée par quelque forme d'irrationnel. Mais toutes les activités humaines sont limitées de la même façon, encore plus si elles sont irrationnelles, et c'est seulement en reconnaissant ces limites, et en intégrant ce que nous apprenons, que nous pouvons trouver de meilleurs chemins.

Une confusion commune, à la base de ces tentations irrationalistes qui sont si fortes dans le monde moderne, consiste à croire que l'individualité rationnelle serait égoïste, et que ce ne serait qu'en la réprimant qu'on pourrait s'identifier à des objectifs collectifs, et avoir des comportements sociaux et généreux. C'est une erreur de perspective. Pourquoi un comportement égoïste serait-il plus rationnel ? La recherche de la satisfaction de besoins personnels est probablement inscrite dans notre patrimoine génétique, mais le sont également notre générosité et notre comportement social. Nous sommes heureux de recevoir un cadeau, et aussi heureux, sinon plus, d'offrir un cadeau. Cela contribue peut-être à notre bonheur d'être un peu plus riches, mais plus encore de vivre dans une société sans misère. L'hypothèse que les motivations primaires de l'homme seraient égoïstes et antagonistes aux autres hommes n'est pas rationnelle : elle est aveugle à la complexité de l'humain. D'un autre côté, la poussée irrationaliste ne brille pas par sa générosité : ce fut un pur irrationalisme, une pure expression de cet esprit « de la collectivité » qu'aujourd'hui beaucoup voudraient placer en défense de la civilisation, qui nourrit l'irrésistible ascension de l'idéologie nazie dans l'Allemagne des années trente; et ce fut en raison d'un honnête désir de sauver leurs âmes que furent brûlées comme sorcières des milliers de femmes européennes.

Il y a trente siècles l'humanité, par un chemin qui nous est inconnu, a construit un système de pensée basé sur des vérités indiscutables. Et autour de ces vérités, pour les protéger, un système complexe de règles, de tabous et de rapports de pouvoir.

Mais la réalité est changement, et le cours des siècles a changé en profondeur les structures politiques, mentales et conceptuelles de l'humanité. Nous n'avons plus besoin d'adorer le pharaon pour donner une légitimité aux structures politiques grâce auxquelles nous nous gouvernons. Il existe d'autres voies. Nous n'avons plus besoin d'évoquer Jupiter pour rendre raison de la pluie et du tonnerre. Accepter d'aller vers l'incertain a permis à l'humanité de construire le monde dans lequel nous vivons. Ce monde est la réalisation des rêves libres des hommes et des femmes qui nous ont précédés. Le futur ne peut naître que de nos rêves libres, mais pour construire le futur il est nécessaire de se libérer du présent.

Anaximandre représente peut-être un pas dans cette libération des anciennes structures de pensée. Un pas dont nous ignorons où il nous portera. La vraie découverte n'est pas d'où vient l'eau de la pluie : la vraie découverte est que nous pouvons nous tromper, et qu'à vrai dire nous nous trompons très souvent.

Le monde est terriblement plus compliqué que les images naïves que nous en formons pour y évoluer. Notre pensée également. La distinction même entre les deux est encore une énigme. Nos émotions, notre complexité psychologique et sociale, sont beaucoup plus complexes que ce que nous parvenons à nous représenter. Nous devons choisir entre accepter cette incertitude profonde de notre savoir, nous fier à une pensée curieuse et efficace, mais sans racine solide, et de cette façon continuer à comprendre, reconnaître nos erreurs et notre naïveté, élargir notre connaissance, laisser la vie libre de croître et fleurir ; ou nous fermer sur des certitudes vides, et construire le reste autour. Je préfère l'incertitude. Elle nous enseigne davantage sur le monde ; elle est plus digne, plus honnête, plus sérieuse, plus belle.

Un des textes les plus anciens, et les plus fascinants, que nous a transmis l'Inde antique, ऋग्वेद:, le *Rig Veda*, écrit autour de l'an 1500 av. J.-C., dit :

> *D'où est née et d'où vient cette création ?*
> *Même les Devas sont nés après la création de ce monde,*
> *et alors qui connaît d'où il est venu à l'existence ?*
> *Personne ne peut savoir d'où est venue la création,*
> *et s'Il l'a créée ou s'Il ne l'a pas créée.*
> *Lui qui la surveille du plus haut des cieux, Lui seul le sait,*
> *ou peut-être ne le sait pas.*

[*Rig Veda*, 10. 129]

12
Conclusion : l'héritage d'Anaximandre

J'ai cherché à évaluer la portée et l'héritage des contributions d'Anaximandre du point de vue d'un scientifique d'aujourd'hui, et d'en tirer quelques réflexions sur la nature de la pensée scientifique. L'image qui se dessine est celle d'un géant de la pensée, dont les idées marquent un tournant historique majeur : il est l'homme qui a donné naissance à ce que les Grecs ont appelé Περί φύσεων ίστορία, « l'investigation de la nature », jetant les bases, y compris littéraires, de toute la tradition scientifique ultérieure. Il ouvre sur le monde naturel une perspective rationnelle : pour la première fois, le monde des choses est perçu comme directement accessible à la pensée.

Pour reprendre les mots de Daniel Graham [2006] : « Le projet d'Anaximandre est devenu, dans les mains de ses successeurs, un programme capable d'un développement infini, et qui, dans son incarnation moderne, a produit le plus grand développement de la connaissance que le monde a connu. Dans un certain sens, son projet privé est devenu la grande recherche de la connaissance du monde. »

Il est le premier géographe. Le premier biologiste à considérer la possibilité d'une modification des êtres vivants au cours du temps. Le premier astronome à étudier rationnellement le mouvement des astres et à chercher à les reproduire dans un modèle géométrique. Le premier à proposer deux instruments conceptuels qui se sont révélés fondamentaux pour l'activité scientifique : l'idée de loi naturelle qui gouverne le déroulement des phénomènes dans le temps, selon la nécessité; et l'introduction de termes théoriques qui postulent de nouvelles entités, hypostases nécessaires pour rendre compte du monde des phénomènes. Plus important encore, il est à l'origine de la tradition critique qui fonde la pensée scientifique : continuer la voie de son maître, mais reconnaître en même temps que le maître s'est trompé.

Enfin, il accomplit la première grande révolution conceptuelle de l'histoire des sciences : pour la première fois, la carte du monde est redessinée en profondeur. L'universalité de la chute des corps est remise en question, dans le cadre d'une nouvelle image du monde où l'espace n'est pas structuré en *haut* et *bas* absolus, et où la Terre flotte dans l'espace. C'est la découverte de l'image du monde qui caractérisera l'Occident pendant des siècles, c'est la naissance de la cosmologie, et c'est la première grande révolution scientifique. Mais c'est surtout la découverte qu'il est *possible* d'accomplir une révolution scientifique : pour comprendre le monde, il est possible et nécessaire de reconnaître que notre image du monde peut être erronée, et que nous pouvons la redessiner.

C'est la caractéristique centrale de la pensée scientifique. Ce qui nous apparaît le plus évident peut s'avérer faux. La pensée scientifique est une exploration toujours recommencée de nouvelles conceptualisations du monde. La connaissance naît d'un acte de révolte, respectueuse mais profonde, contre le savoir présent. C'est l'héritage le plus riche que l'Occident a offert à la civilisation mondiale qui se constitue aujourd'hui, sa contribution majeure.

Cette révolte est un défi, lancé par Thalès et Anaximandre : libérer la compréhension du monde de la pensée mystico-religieuse, qui pendant des millénaires a structuré la pensée de l'humanité. Considérer la possibilité que le monde est compréhensible sans faire reposer cette compréhension sur un dieu ou plusieurs dieux. C'est une possibilité nouvelle pour l'humanité qui, aujourd'hui, après vingt-six siècles, fait peur à la majorité des hommes et des femmes de cette petite planète qui flotte dans l'espace.

La relecture du monde proposée par Anaximandre est une nouvelle aventure. L'aspect terrible, mais fascinant, de cette aventure, est de reconnaître et d'accepter notre ignorance. Accepter notre ignorance n'est pas seulement la voie royale vers la connaissance : c'est aussi la plus honnête et la plus belle. La précarité et le vide qui en résultent ne rendent pas la vie plus insensée; ils la rendent plus précieuse.

Où nous porte cette aventure, nous ne le savons pas; mais la pensée scientifique, comme révision critique du savoir traditionnel, ouverture sur la possibilité de se révolter face à toute croyance, capacité d'explorer de nouvelles visions du monde et d'en créer de plus efficaces, représente un chapitre majeur dans la lente évolution de la civilisation humaine. Un chapitre qui s'ouvre avec Anaximandre, et que nous poursuivons, curieux de savoir où nous allons.

Indications bibliographiques

Pour une riche bibliographie sur Anaximandre, voir : www.dirkcouprie.nl/Anaximander-bibliography.htm

Une synthèse de l'histoire de Milet, ainsi qu'une riche bibliographie sur le sujet, est disponible à l'adresse suivante : www2.ehw.gr/asiaminor/forms/fLemmaBodyExtended.aspx?lemmaID=8177

Abbagnano N. *Storia della filosofia*, I, II, 7.

Augustin, *De Civitate Dei*. www.fh-augsburg.de/~Harsch/Chronologia/Lspost05/Augustinus/aug_cd00.html

Anaximandre (1991). *Fragments et Témoignages*, sous la direction de Marcel Conche, Presse Universitaire de France, Paris. Large recueil de sources antiques, avec une présentation critique.

Aristote. *Du Ciel*. www.greektexts.com/library/Aristotle/On_The_Heavens/eng/index.html

Barnes J. (1979). *The Presocratic Philosophers*. Routledge and Kegan Paul.

Bateson Gregory (1972). *Steps to an Ecology of Mind*. Ballantine, New York.

Bergson Henry (1935). *Les deux sources de la morale et de la religion*. classiques.uqac.ca/classiques/bergson_henri/deux_sources_morale/deux_sources_morale.html

Blanck H. (1997). « Anaximander in Taormina », *Mitteilungen des deutschen archäologischen Instituts* 104, pg 507-11.

Bottero Jean, Herrenschmidt Clarisse, et Vernant Jean-Pierre (1996). *L'Orient ancien et nous : L'écriture, la raison, les dieux*, Éditions Albin Michel, Paris. Trois essais pénétrants sur la culture moyen-orientale antique.

Bṛhadāraṇyaka Upanishad, in *The Thirteen Principal Upanishads*, Translated by Robert Ernest Hume, Oxford University Press 1931

Campbell Joseph (1989). *Renewal Myths and Rites of the Primitive Hunters and Planters*. Ascona, Switzerland : The Eranos Foundation and Spring Publications.

Cicéron Marco Tulio. *Academicorum priorum, liber II.* individual.utoronto.ca/pking/resources/cicero/acadprio.txt

Cohen Marc (2006). *History of Ancient Philosophy*, University of Washington. Online notes of the course, faculty.washington.edu/smcohen/320/320Lecture.html

Colli Giorgio (1992). *Sagesse grecque : Épiménide, Phérécyde, Thalès, Anaximandre*, tome 2, Éclat éd.
Couprie Dirk L., *Anassimander, Internet Encyclopedia of Philosophy*. www.iep.utm.edu/a/anaximan.htm. Une belle introduction, dont certaines idées s'accordent avec celles exposées ici.

Couprie Dirk L. « The Visualization of Anaximander's Astronomy » (1995). *Apeiron* 28, pg 159-181.

Couprie Dirk L., Hahn Robert, Naddaf Gerard (2003). *Anaximander in context : new studies in the origins of Greek philosophy*, State University of New York Press, Albany.

Diels H., Kranz W. (1951). *Die Fragmente der Vorsocratiker*, Weidmannsche, Berlino 1951. Le principal recueil de sources originales sur les philosophes présocratiques.

Diogene Laerzio. *Vitae philosophorum*. Oxford 1964.

Durkheim Émile (1915). *Les formes élémentaires de la vie religieuse*. Paris : réed. Presses Universitaires de France 1968. Un grand classique de l'anthropologie de la religion.

Dumont Jean-Paul (1988). *Les Présocratiques*, Gallimard, Bibliothèque de la Pléiade.

Éliade Mircea (1949), *Traité d'histoire des religions*, Paris : Payot. Un autre classique sur l'interprétation des phénomènes religieux.

Hérodote (1932), *Histoire,* éd. bilingue par P. E. Legrand, Paris : Collection des universités de France.

Farrington B. (1978). *La scienza nell'antichità,* Milano : Longanesi.

Feyerabend P. (1956) *Contre la méthode,* Seuil, Paris.

Feynman R. (1965). *Nobel lecture.* http://nobelprize.org/nobel_prizes/ physics/ laureates/1965/ feynman-lecture.html

Fowler David (1999). *The Mathematics of Plato's Academy : A New Reconstruction,* Oxford : Clarendon Press.

Gauchet Marcel (1985). *Le désenchantement du monde,* Gallimard.

Graham Daniel W. (2006). *Explaining the Cosmos,* Princeton University Press, Princeton. Une récente et excellente présentation de la tradition de philosophie scientifique de l'École ionienne.

Jamblique (1996). *Vie de Pythagore,* traduction L. Brisson et A. Ph. Segonds. Paris : Les Belles Lettres.

Janes Julian (1976). *The Origin of Consciousness in the Breakdown of the Bicameral Mind,* Houghton Mifflin, Boston 1976. Une hypothèse controversée sur le rôle des dieux dans la naissance de la civilisation.

Jeannière Abel (1996). *Les Présocratiques. L'aurore de la pensée grecque,* Paris, Le Seuil.

Kahn Charles H. (1960). *Anaximander and the origins of Greek Cosmology,* Columbia University Press, New York. Textes originaux des sources sur Anaximandre, accompagnée d'une analyse critique serrée de leur fiabilité.

Kahn Charles H. (1970). « On Early Greek Astronomy », *Journal of Hellenic Studies* 90, pg 101-109. Sur l'attribution à Anaximandre de la mesure de l'inclinaison de l'écliptique.

Kirk G.S., Rave, J.E. Schofield (1983). *The Presocratic Philosophers,* Cambridge.

Godelier Maurice (1974). *Antropologia, Storia, Marxismo,* Parma.

Guthrie W.K.C. (1962). *A History of Greek Philosophy,* Vol I-II, Cambridge.

Lahaye Robert (1966). *La Philosophie ionienne. L'École de Milet,* Paris éd. du Cèdre.

Legrand Gérard (1987). *Les Présocratiques,* Paris, Bordas.

Lloyd Geoffrey E.R. (1970). *Early Greek Science : Thales to Aristotle,* WW Norton & C, New York. Traîté classique sur la science grecque.

Lloyd Geoffrey E.R. (2002). *The Ambition of Curiosity*, Cambridge University Press, Cambridge. Confrontation entre entre le développement du savoir en Grèce et en Chine.

McClennon J. (1997). « Shamanic healing, human evolution, and the origin of religion », *Journal for the Scientific Study of Religion*, 36, 345–354. Approche évlutionniste de l'anthropologie de la religion.

Mill John S. (1860). *On liberty*, Courier Dover Publications, p. 18.

Miller Arthur I. (1972). « The Myth of Gauss' Experiment on the Euclidean Nature of Physical Space », *Isis*, Vol. 63, No. 3 pp. 345-348.

Popper Karl (1998). *The world of Parmenides Essays on the presocratic enlightenment,* edited by Arne F. Petersen, Routledge.

Raphals Lisa (2002). « A "Chinese Eratosthenes" Reconsidered : Chinese and Greek Calculations and Categories », *East Asian Science, Technology and Medicine 19,* pp 10-61.

Rappaport Roy (1999). *Ritual and religion in the making of humanity.* Cambridge : Cambridge Univ. Press. Salué comme un nouveau classique de l'anthropologie de la religion.

Robinson John Mansley (1968). *Introduction to Early Greek Philosophy*, Houghton Mifflin School.

Reynolds V., Tanner R. (1995). *The social ecology of religion.* New York : Oxford Univ. Press.

Roebuck Carl. « The Early Ionian League », *Classical Philology*, Vol. 50, No. 1 (Jan., 1955), pp. 26-40.

Russo Lucio (1996). *La rivoluzione dimenticata*, Feltrinelli, Milano. Un texte passionné qui regroupe une masse considérable d'informations sur la science alexandrine, éclairant sa complexité et sa richesse à la lumière de la compétence scientifique de l'auteur, mathématicien de formation. Le livre montre comment le manque d'une telle compétence aboutit souvent à l'incompréhension du contenu et à la sous-estimation de l'importance de la science antique. Un texte important pour comprendre la science antique.

Russo Lucio (2003). *Flussi e riflussi*, Feltrinelli, Milano. Un bref traité sur le savoir antique relatif aux marées, et la possible influence de celui-ci sur la renaissance de la science au dix-septième siècle.

Shotwell James T. (1922). *An Introduction to the History of History*, Columbia University Press; New York.

Smolin Lee (1997). *The Life of the Cosmos,* New York : Oxford University Press.

Speiser E.A. (1964). « Genesis : Introduction, translation and notes », *The Anchor Bible,* Garden City, New York Doubleday.

Testa E. (1991). « Legislazione contro il paganesimo e cristianizzazione dei templi nei secoli IV e V », *Studium Biblicum Franciscanum,* Liber XLI, p. 311, Jerusalem. 198.62.75.1/www1/ofm/sbf/SBFla91.html

Ulises Moulines C. (2006). *La philosophie des sciences, l'invention d'une discipline,* Éditions Rue d'Ulm, Paris

Unger Roberto (2007). *The Self Awakened,* Harvard University Press 2007. Superbe manifeste pour une pensée politique en évolution continuelle.

Vernant Jean-Pierre (1962). *Les origines de la pensée grecque,* Presse Universitaire de France, Paris. Un traité classique sur la relation entre la spécificité de l'organisation politique grecque et l'originalité de la pensée grecque. Belle reconstruction de l'univers culturel de la civilisation mycénienne et de l'évolution de la structure politique du monde grec.

Vernant Jean-Pierre (1965). *Mythe et pensée chez les Grecs,* Librairie François Maspero, Paris.

Vidotto Francesca (2006). « Nuovi linguaggi per una nuova scienza. L'esperienza del teatro a Padova », in *Proceedings of Donne, scienza e potere. Oseremo disturbare l'universo ? Lecce, 15-17 settembre 2005,* p. 81-87 (I documenti – Comitato Pari Opportunità Università di Lecce). siba2.unile.it/ese/issues/286/658/Donnescipotere_p81-87.pdf

Witherspoon Gary (1977). *Language and Art in the Navaho Universe,* Ann Arbor MI : University of Michigian Press.

Index

Crédits des illustrations

Figure 1, 13, 18 : © Maéva Baudoin.

Figure 2 et planche I (haut) : Tirée de *The Historical Atlas*, par William R. Sheperd, New York, 1911, Henry Holt & Co.

Figure 3, 17 et planche II (haut) : © The Trustees of the British Museum. Tous droits réservés.

Figure 4 et planche II (bas) : © Thomas Sakoulas.

Figure 5 et planche I (bas) : my.fit.edu/~rosiene/20510.htm.

Figure 6 : commons.wikimedia.org/wiki/Image:Milet_amfiteatr_RB.jpg.

Figure 7 : oncourse.iu.edu/access/content/user/leach/www/c414/net_id/miletus/

Figure 8 et planche III (haut) : © Musei Vaticani. Tous droits réservés.

Figure 9 : Basée sur : [Dirk L. Couprie 1995].

Figure 10 : Basée sur : [Mansley Robinson 1968].

Figure 11 : Propriété de l'auteur.

Figure 12 : © Josch Hambsch.

Figure 14 et planche III (bas) : Musée Archéologique National, Athènes.
en.wikipedia.org/wiki/Image:NAMA_Dame_de_Mycènes.jpg.

Figure 15a planche IV (haut) : Musée archéologique national, Athènes, n° 7703 (Ge 604).
commons.wikimedia.org/wiki/Image:NAMA_Tablette _7703.jpg.

Figure 15b et planche IV (bas) : Musée archéologique national, Athènes, n° 7671 (Oe 106).
commons.wikimedia.org/wiki/Image:NAMA_Tablette _7671.jpg.

Figure 16 : Gustav Ebe, Kunstgeschichte des Altertums, Düsseldorf, 1895, S. 219.
commons.wikimedia.org/wiki/Image:Tiryns.Castle.03.png.

Figure 19 : mesopotamien.de/einfuehrung/weisheit.htm

Figure 20 : Photo prise en route pour la lune par Harrison Schmitt ou Ron Evans lors de la mission Apollo 17 le 7 décembre 1972. Crédit : NASA.

Photocomposition : **SCM**, Toulouse

52939 - (I) - (1,5) - OSB 90° - SCM - MLN

Achevé d'imprimer en Belgique sur les presses de Snel
Z.I. des Hauts-Sarts - Zone 3
Rue Fond des Fourches 21 – B-4041 Vottem (Herstal)
Tél +32(0)4 344 65 60 - Fax +32(0)4 286 99 61
mai 2009 – 47876

Dépôt légal : juin 2009